EUL VERLAG

Reihe: Human Resources, Digitalisierung und Unternehmensentwicklung · Band 2

Herausgegeben von Prof. Dr. Gerwin Kahabka, Karlsruhe

Holger Schlosser
Gerwin Kahabka

HR-Optimierungsstrategien für eine nachhaltige Unternehmensentwicklung

EUL VERLAG

Bibliografische Information der Deutschen Nationalbibliothek

Die Deutsche Nationalbibliothek verzeichnet diese Publikation in der Deutschen Nationalbibliografie; detaillierte bibliografische Daten sind im Internet über <http://dnb.d-nb.de> abrufbar.

ISBN 978-3-8441-0580-3
1. Auflage April 2019

JOSEF EUL VERLAG GmbH
Zeithstr. 356
53721 Siegburg
Tel.: 0 22 05 / 90 10 6-80
Fax: 0 22 05 / 90 10 6-88
E-Mail: info@eul-verlag.de
https://www.eul-verlag.de

Bei der Herstellung unserer Bücher möchten wir die Umwelt schonen. Dieses Buch ist daher auf säurefreiem, 100% chlorfrei gebleichtem, alterungsbeständigem Papier nach DIN 6738 gedruckt.

Vorwort des Herausgebers

Der Begriff der Nachhaltigkeit nimmt im Rahmen der Entwicklung von Unternehmen eine zentrale Bedeutung ein, die aktuell noch an Relevanz gewinnt. Die Kultur eines Unternehmens wird entscheidend durch dessen Fokus auf Nachhaltigkeit geprägt, damit hat Nachhaltigkeit vitale Auswirkungen auf die innere Unternehmensorganisation ebenso wie auf das Außenbild und die Marktstrategien.

In der vorliegenden Abhandlung wird Nachhaltigkeit analytisch in Bezug auf HR-Optimierungsstrategien im Unternehmen behandelt. Die ganzheitliche Betrachtung der Ressource Mensch gewinnt in agilen Unternehmen immer weiter an Bedeutung. Insbesondere die ständige und intrinsisch geprägte Weiterentwicklung und Anpassung aller Mitarbeiter hinsichtlich ihrer benötigten Eigenschaften, Fähigkeiten und Fertigkeiten, sowie auch die Mitarbeiterbindung haben eine herausragende Bedeutung erlangt.

Unternehmerische Nachhaltigkeit in Bezug auf die Mitarbeiter hat in mehrfacher Hinsicht große Vorteile gegenüber einer kurzfristig ausgerichteten Personalpolitik. Der junge Mitarbeiter einerseits sucht zunehmend einen Arbeitsplatz, an dem er seine Ideen einer Work-Life-Harmony verwirklicht sieht, diese Entwicklung geht weg von einem vordergründigen Fokus auf Gehalt und hin zu einer langfristigen Sinngebung der Tätigkeit im Unternehmen. Der bereits gut eingebundene und erfahrene Mitarbeiter andererseits ist eine wertvolle Ressource, die es zu halten, zu motivieren und gesund zu erhalten gilt, auch vor dem demografischen Hintergrund einer zunehmend schwierigen Personalbeschaffung.

Die Optimierung der Nachhaltigkeit in Bezug auf die Mitarbeiter stellt somit eine strategische Aufgabe des Unternehmens dar, die im Verbund mit einer stetigen Organisationsentwicklung das Unternehmen langfristig in kontinuierlich sich ändernden wie auch in disruptiven Märkten erfolgreich sicherstellen kann.

Karlsruhe, der 25.02.2019 Prof. Dr. Gerwin Kahabka

Inhatsübersicht

Inhaltsverzeichnis

Abbildungsverzeichnis

Tabellenverzeichnis

Abkürzungsverzeichnis

BGF	Betriebliche Gesundheitsförderung
BGM	Betriebliches Gesundheitsmanagement
CSR	Corporate Social Responsibility
EB	Employer Branding
ESS	Employer Self Service
HR	Human Resource
HRM	Human Resource Management
I+K-Technologien	Informations- und Kommunikationstechnologien
KI	Künstliche Intelligenz
MA	Mitarbeiter
ROI	Return on Investment
VR	Virtual Reality
WHO	Weltgesundheitsorganisation

Hinweis

Aus Gründen der besseren Lesbarkeit wird auf eine durchgängige Verwendung der weiblichen Form verzichtet. Die geschlechterbezogenen Bezeichnungen gelten sowohl in der weiblichen als auch in der männlichen Form.

1 Einleitung

In einer Welt geprägt von stetiger Veränderung und Dynamik, darf der Blick auf die Nachhaltigkeit nicht vernachlässigt werden. Nachhaltigkeit bedeutet auch Zukunftsfähigkeit und diese ist bekanntermaßen die Voraussetzung für eine langfristig erfolgreiche Entwicklung. Nachhaltigkeit gewinnt in allen Lebensbereichen immer weiter an Relevanz. Längst hat sie auch die Unternehmensebene erreicht, wobei nachhaltiges Wirtschaften häufig auf drei Dimensionen basiert: der ökonomischen, ökologischen und sozialen Ebene. Verschiedene Rahmenbedingungen erschweren jedoch eine solch nachhaltige Unternehmensentwicklung – der demografische Wandel, ein zunehmender Fachkräftemangel und steigende Dynamik und Komplexität in der Arbeitswelt durch fortschreitende Technologien und flexibler werdende Strukturen. Für viele Unternehmen wird es zunehmend schwieriger, vakante Stellen zeitnah bzw. überhaupt zu besetzen. Zu berücksichtigen ist des Weiteren der Wertewandel jüngerer Generationen (die sog. „Generation Y und Z“): Selbstverwirklichung, persönliche Weiterentwicklung und Freude an der Arbeit überwiegen in einigen Umfragen gegenüber der Höhe des Gehalts. Unternehmen sind somit gefordert, ihre Attraktivität neben monetären Anreizen mithilfe bestimmter Maßnahmen zu steigern, um qualifizierte Mitarbeiter langfristig für ihren Betrieb begeistern zu können. In Anbetracht der steigenden Altersstruktur liegt der Themenschwerpunkt neben der Generierung von Mitarbeiterzufriedenheit auch auf der Förderung von Gesundheit, um so eine nachhaltige Sicherung des Personalbestands zu gewährleisten.

Im nachfolgenden Kapitel wird zunächst der Begriff der Nachhaltigkeit und insbesondere seine drei Dimensionen näher betrachtet, um anhand dessen die Notwendigkeit der im weiteren Verlauf behandelten Hauptthematik – die interne, soziale Nachhaltigkeit – zu verdeutlichen. Entsprechend wird klar definiert, in welcher Weise eine „nachhaltige Unternehmensentwicklung“ im Kontext dieser Arbeit unterstützt werden soll: die besagte Unterstützung basiert auf einer verantwortungsvollen und damit zukunftsfähigen internen Personalpolitik, wodurch die Ressource Mensch bzw. Mitarbeiter in den Mittelpunkt gerückt wird. Dementsprechend werden im dritten Kapitel die mitarbeiterbezogenen Zielfaktoren für eine nachhaltige Entwicklung näher beleuchtet. Anzustreben ist eine Arbeitswelt, *1)* in der die Mitarbeiter eine möglichst *emotionale Bindung* durch hohe Identifikation zu ihrem Unternehmen entwickeln können, *2)* in der sie eine möglichst hohe, nachhaltige *Zufriedenheit* bis hin zur *Begeisterung* und Freude empfinden sowie *3)* langfristig *gesund* bleiben. Für eine Optimierung der bestrebten Zielfaktoren müssen zudem die relevanten unternehmens-externen und -internen Faktoren berücksichtigt werden. Entsprechend umreißt das vierte Kapitel die gegenwärtigen wirtschaftlichen, gesellschaftlichen und technischen Entwicklungen, um so die wesentlichen Rahmenbedingungen und Herausforderungen für eine nachhaltige Unternehmensentwicklung identifizieren zu können. Nachdem die Forschungsmethodik im fünften Kapitel abschließend erläutert wurde, nimmt sich das sechste Kapitel einer vorwiegend auf Studien basierenden Untersuchung zu geeigneten aktuellen und zukünftigen HR-Strategien und Maßnahmen an. Das Ziel dieser Untersuchung ist es aufzuzeigen, inwiefern besagte Maßnahmen in deutschen Unternehmen genutzt und umgesetzt werden, vor allem aber in welcher Weise diese sich auf die Beschäftigten bzw. auf die definierten Zielfaktoren auswirken. Die entsprechenden, qualitativen Ergebnisse werden im siebten Kapitel zunächst zusammengefasst, um daraus in Verbindung mit neuesten (technologischen) Trends einige mögliche Optimierungsmaßnahmen zu beleuchten und teilweise zu generieren. Durch das achte und zugleich letzte Kapitel wird die Abhandlung anhand eines Fazits abgerundet.

2 Nachhaltige Unternehmensentwicklung

"You may never know what results come of your action, but if you do nothing there will be no result."
(Mahatma Gandhi)

In diesem Teil der Arbeit soll der Begriff der Nachhaltigkeit und insbesondere die nachhaltige Unternehmensentwicklung als Grundlage für das weitere Verständnis in dieser Abhandlung beschrieben werden. Hierzu wird der Begriff der Nachhaltigkeit nach einer kurzen historischen Einführung und Definition in dessen Dimensionen aufgeschlossen, um so den Themenschwerpunkt dieser Arbeit transparenter darlegen zu können.

2.1 Der Begriff Nachhaltigkeit

Kaum ein anderer Begriff hat sich in den letzten Jahren derart entwickelt wie der Terminus „Nachhaltigkeit“. Ursprünglich stammt der Begriff aus der Forstwirtschaft. 1713, vor nun mehr als 300 Jahren, veröffentlichte Hans Carl von Carlowitz sein Buch *Sylvicultura Oeconomica* und formulierte darin den Nachhaltigkeitsgedanken vor dem Hintergrund einer zunehmenden überregionalen Holzknappheit. Es solle nur so viel Holz geschlagen werden, wie durch Wiederaufforstung nachwachsen könne. Bei der Abholzung von Wäldern müsse man „bedenken [...] wo ihre Nachkommen Holz hernehmen sollen". (Carlowitz & Rohr, 2009, S. 76)

Heute wird über Nachhaltigkeit in der Literatur überaus kontrovers diskutiert. Häufig wird der englische Begriff „Sustainability[1]“ auch in der deutschen Wissenschaft als Synonym verwendet. (vgl. Lindmayer & Dietz, 2015, S. 181) Eine einheitliche Definition ist derweil nicht zu finden – im Gegenteil, es gibt vielfältige und unterschiedlichste Herangehensweisen zur Begriffserklärung. (vgl. Ekardt, 2005, S. 27 ff.) Vor allem die variierende inhaltliche Präzisierung des Begriffs bereitet Schwierig-

[1] Stammt vom englischen Verb „to sustain“, welches auf das lateinische Verb „sustinere“ zurückgeführt werden kann. Dieses bedeutet „aushalten“ und „nachhalten“. (vgl. Lindmayer/Dietz 2015, S. 181)

keiten. Baumast und Pape zeigen auf, dass Kritiker bereits von „einer problematischen Entwicklung“ des Nachhaltigkeitsbegriffs ausgehen, da „Bedeutungsunschärfe“ und die willkürliche Verwendung des Begriffs aus-schlaggebend für „bestehende Umsetzungsproblematiken“ sein könnten. (2013, S. 26)

Eine für den allgemeinen Konsens verständliche und auch für die vorliegende Arbeit sinnvolle Definition einer nachhaltigen Entwicklung im Allgemeinen stammt aus dem sog. Brundtland-Bericht[2]: „Dauerhafte Entwicklung ist Entwicklung, die die Bedürfnisse der Gegenwart befriedigt, ohne zu riskieren, dass künftige Generationen ihre eigenen Bedürfnisse nicht befriedigen können“ (Hauff, 1987, S. 46). Zur Umsetzung dieser Forderung werden heute meist drei Dimensionen der Nachhaltigkeit betrachtet – die ökologische, ökonomische sowie soziale Nachhaltigkeit. Auf diese Differenzierung wird im nachfolgenden Kapitel vertieft eingegangen, um daraus den Schwerpunkt und das Hauptaugenmerk der Thesis transparenter darzulegen. Hierfür soll in der Folge eine individuelle, objektive Definition für nachhaltige Unternehmensentwicklung innerhalb dieser Arbeit aufgestellt werden, um so den Geltungsbereich einzugrenzen.

2.2 Dimensionen einer nachhaltigen Entwicklung

In der Literatur, Wissenschaft und vor allem in der Politik wird heute häufig unter drei Dimensionen (oder auch Säulen) der Nachhaltigkeit unterschieden. Wie bereits im vorherigen Kapitel erwähnt, handelt es sich um die Dimensionen Ökologie, Ökonomie und Soziales. Dieser Aufteilung entsprangen bereits mehrere Nachhaltigkeitsmodelle, darunter das *Drei-Säulen-Modell*, *Schnittmengenmodell der Nachhaltigkeit* oder auch das *Nachhaltigkeitsdreieck*. (vgl. Pufé, 2014, S. 118 ff.) Modelle sind ein vereinfachtes Abbild der Realität, die dazu dienen, komplexe Zusammenhänge zu veranschaulichen.

[2] Wurde 1987 von der Weltkommission für Umwelt und Entwicklung der Vereinten Nationen („Brundtland-Kommission“) veröffentlicht.

2.2.1 Ökologische Nachhaltigkeit

Die ökologische Nachhaltigkeit bezieht sich auf die Art der Nachhaltigkeit, die viele häufig primär mit diesem Terminus in Verbindung bringen. Denn gerade in gegenwärtigen politischen und gesellschaftlichen Diskussionen geht es beim Thema Nachhaltigkeit meist um den Schutz der Umwelt und Ressourcen. Vereinfacht ausgedrückt, zielt die ökologische Nachhaltigkeit darauf ab, das ökologische System zu erhalten. (vgl. Hauff & Kleine, 2014, S. 33) Hauff legt dar, dass ausschließlich ökonomische und soziale Systeme nicht nachhaltig seien, da der Mensch ohne einen bestimmten Zustand der Natur nicht überlebensfähig sei. (ebd.) Dementsprechend bildet die Umsetzung der ökologischen Nachhaltigkeit und damit die Sicherung weltweiter, natürlicher Ökosysteme, die Grundlage für Leben auf der Erde. Die Ökologie stellt somit die Grundvoraussetzung für eine zukünftige wirtschaftliche sowie gesellschaftliche Entwicklung dar. (vgl. Kirschten, 2017, S. 38) Allerdings sei laut Pufé die „ökologische Nachhaltigkeit durch unsere gegenwärtigen Lebensstile und Wirtschaftsformen nicht mehr gegeben“ (2014, S. 106). So lebe man heute schon auf Kosten nachfolgender Generationen. (ebd.)

2.2.2 Ökonomische Nachhaltigkeit

Pufé beschreibt die ökonomische Nachhaltigkeit als eine Art (betriebs-)wirtschaftliche Nutzung eines Systems (z. B. einer Organisation oder eines Unternehmens) in solchem Maße, „dass dieses in seinen wesentlichen Eigenschaften dauerhaft erhalten bleibt und sein wirtschaftlicher Fortbestand so gesichert ist“ (2014, S. 106). Zu den Zielen der ökonomischen Nachhaltigkeit können damit beispielsweise Wachstum, Effizienz oder langfristige Wirtschaftlichkeit hinzugezählt werden. (vgl. Baumast & Pape, 2013, S. 27)

2.2.3 Soziale Nachhaltigkeit

In der Nachhaltigkeitsforschung bestehen stets eine Vielzahl verschiedener Bedeutungen von sozialer Nachhaltigkeit. (vgl. Senghaas-Knobloch, 2009, S. 570) Grundsätzlich jedoch befasst sich die Dimension der sozialen Nachhaltigkeit mit der bewussten Gestaltung sozialer und kultureller Systeme. Dabei soll die auf den

„Menschen ausgerichtete Nutzung eines Systems oder einer Organisation“ so umgesetzt werden, „dass dieses in seinen wesentlichen Eigenschaften dauerhaft erhalten bleibt und sein personalbezogener sowie gesellschaftlicher Fortbestand so gesichert ist“ (Pufé, 2014, S. 107).

In früheren Nachhaltigkeitsdreiecken besteht häufig der Anspruch einer gleichberechtigten Berücksichtigung der Dimensionen (vgl. Hauff & Kleine, 2014, S. 164) und somit die Notwendigkeit zur Einhaltung einer Dimensionsbalance. Allerdings ist dies schwierig, da in bestimmten Situationen möglicherweise Prioritäten gesetzt werden müssen. Zudem ist es ohnehin bis heute umstritten, wie eine Gleichberechtigung der drei genannten Dimensionen überhaupt theoretisch und praktisch umsetzbar sei. (vgl. Senghaas-Knobloch, 2009, S. 570)

Letztlich muss für diese Arbeit eine individuelle, objektive Definition festgelegt werden, was hier unter einer nachhaltigen Unternehmensentwicklung verstanden werden kann.

2.3 Corporate Social Responsibility (CSR) vs. Nachhaltigkeit

Corporate Social Responsibility – oder kurz CSR – bezeichnet die gesellschaftliche Verantwortung von Unternehmen entsprechend eines nachhaltigen Wirtschaftens. Seit 2010 existiert die Internationale Norm ISO 26000 als erste ISO-Norm zu gesellschaftlicher Verantwortung. (DIN ISO 26000, S. 6 f.) In der Unternehmenspraxis selbst werden häufig die Begriffe CSR und Nachhaltigkeit als Synonym verstanden. In der Forschung hingegen ist CSR enger gefasst und beschreibt lediglich den speziellen Beitrag zur Nachhaltigkeit, den ein Unternehmen durch sein nachhaltiges Wirtschaften leistet. Hinzu kommt, dass oftmals der kürzere Terminus Corporate Responibility (CR) verwendet wird, um Missverständnisse durch den Begriff „social“ zu vermeiden. Denn anders als man annehmen könnte, beschränkt sich CSR nicht ausschließlich auf die soziale der drei Nachhaltigkeitsdimensionen. (vgl. Kap. 2.2) Folglich ist also auch im CSR nicht allein die soziale Verantwortung von Bedeutung, sondern die gesamtgesellschaftliche, wozu auch die ökologische und wirtschaftliche Verantwortung hinzugezählt werden muss. In der unternehmerischen Praxis findet sich mittlerweile zudem häufig ein „Vier-Säulen-Modell", wobei die soziale Dimension nochmals in „Verantwortung am Arbeitsplatz" und „Verantwortung gegenüber dem gesellschaftlichen Umfeld (Gesellschaft)" unterteilt wird. (Hardtke, 2011, S. 36 f.) Im Allgemeinen handelt es sich bei den Schwerpunktthemen des CSR beispielsweise um faire Betriebs- und Geschäftspraktiken, mitarbeiterorientierte Personalpolitik mit guten Arbeitsbedingungen und -praktiken, Konsumentenanliegen, Umweltschutz, Ressourceneffizienz, sowie sozial-ökologische Verantwortung in der gesamten Lieferkette. (vgl. DIN ISO 26000, S. 14 ff.)

Betrachtet man nun ausschließlich die soziale Ebene des CSR, so wird hierbei, wie zuvor beschrieben, nochmals zwischen einer externen und internen Dimension der sozialen Verantwortung eines Unternehmens unterschieden. (vgl. Mory, 2017, S. 21) In der wissenschaftlichen Forschung wird der Fokus bislang mehrheitlich auf die externe Dimension bezüglich CSR gelegt, also die Verantwortung gegenüber des gesamtgesellschaftlichen Umfeldes. Der Schwerpunkt der vorliegenden Arbeit bezieht sich hingegen auf die interne Dimension der sozialen Unternehmensverantwortung und wird auch als *interne CSR* bezeichnet. Sie zielt auf „verantwortliches Verhalten und Handeln innerhalb einer Organisation" ab und betrifft damit im Wesentlichen die Mitarbeiter innerhalb eines Unternehmens. (ebd.)

Im Prozess einer nachhaltigen Entwicklung haben somit ersichtlicher Weise besonders Unternehmen eine Schlüsselrolle. Sie sind diejenigen, „welche die erforderlichen Innovationen maßgeblich mit entwickeln und umsetzen", wodurch ihnen, wie zuvor dargestellt, auch eine wesentliche Rolle im Zusammenhang mit gesellschaftlicher Verantwortung zuteilwird. (vgl. Baumast & Pape, 2013, S. 41) Dabei sollte die Beachtung von Nachhaltigkeit innerhalb eines Unternehmens über den Nachhaltigkeitsbericht sowie Produkte mit Fair-Trade- und Ökosiegel hinausgehen. Die Herausforderung besteht in einer langfristigen Orientierung nach Nachhaltigkeitsprinzipien. Wichtig hierfür ist es, nicht nur nach außen hin als ein nachhaltiges

Unternehmen wirken zu wollen, sondern dies auch nach innen zu kommunizieren – angefangen bei dem Unternehmensleitbild und den Unternehmens-grundsätzen. (ebd., S.139) Anforderungen für die soziale Verantwortung bzw. Nachhaltigkeit sind beispielsweise die Sicherstellung sozialer Mindeststandards sowie menschenwürdiger Arbeitsbedingungen für Mitarbeiter des Unternehmens, aber auch für Beschäftigte innerhalb der gesamten Wertschöpfungs- und Lieferkette. Dies beinhaltet heute auch das Vorbeugen und Vermeiden von Armut und sozialer Abgrenzung oder das Schaffen von Chancengleichheit für alle Mitglieder, ungeachtet von deren Geschlecht, Alter, Religion, ethnischer Herkunft etc. (vgl. Kirschten, 2017, S. 94)

2.4 Definition der nachhaltigen Unternehmensentwicklung in dieser Arbeit

Nachhaltigkeit – verstanden als langfristig orientiertes unternehmerisches Handeln unter Berücksichtigung von ökonomischen, ökologischen und sozialen Werten – gehört heute und in Zukunft zu den zentralen Herausforderungen eines Unternehmens. (vgl. Bundesumweltministerium [BMU], 2007, S. 3) Die Breite des Themengebiets macht eine ganzheitliche Betrachtung äußerst schwierig. Nicht nur die Fülle an Ansätzen, sondern auch die Komplexität im Zusammenspiel aller Dimensionen lässt eine Gesamtbetrachtung der unternehmerischen Nachhaltigkeit hinsichtlich des festgesetzten Zeitrahmens der vorliegenden Arbeit nicht zu.

Aus genannten Gründen liegt der Fokus auf einem Teilgebiet, dem, wie in Kapitel 2.3 beschrieben, in der Literatur und Forschung im Hinblick auf Nachhaltigkeit bislang vergleichsweise eher verhaltene Beachtung zuteilwurden. (vgl. Mory, 2017, S. 21) Die Rede ist von der Ressource *Mitarbeiter* innerhalb eines Unternehmens. Auch Kötter sieht die Beschäftigten als „Gegenstand von Nachhaltigkeit“ in Bezug auf eine nachhaltige Unternehmensentwicklung. Dies betrifft seiner Ansicht nach „den Bereich der Arbeitsnormen (keine Diskriminierung, Koalitionsfreiheit, Kinderarbeit usw.), den Gesundheits- und Arbeitsschutz am Arbeitsplatz, die Partizipation sowie die Personalentwicklung“ (Kötter, 2016, S. 238).

Ebenso liegt der Blickpunkt dieser Arbeit, in welcher Strategien zur *Unterstützung* einer nachhaltigen Unternehmensentwicklung analysiert werden sollen, auf der ebenfalls in Kapitel 2.3 angesprochenen *inneren Corporate Social* Responsibility, also der Verantwortung gegenüber den Mitarbeitern innerhalb des Unternehmens. Denn die Humanressource ist gerade in Zeiten des demografischen Wandels die fundamentale Größe für eine nachhaltige Unternehmensentwicklung. Eine im Jahr 2013 durchgeführte globale Studie kam beispielsweise zu dem Ergebnis, dass nur etwa 31 Prozent der europäischen Beschäftigten wirklich engagiert und zufrieden sind. (vgl. BlessingWhite Research, 2013, S. 6) So ergeben sich zukünftig beachtliche Herausforderungen für Unternehmen. Heutzutage ist es in der Arbeitswelt seltener geworden, dass finanzielle Vergütung allein zu wirklicher Erfüllung führt. Eine äußerst politisch gesteuerte, angstbehaftete und konkurrenzgeprägte Arbeitskultur erschwert die Bildung wichtiger Beziehungen innerhalb einer Belegschaft. Auch Spannungsfelder zwischen Mitarbeitern und Führungskräften führen zu starken psychischen Belastungen und stehen im Widerspruch zu einer nachhaltigen Unternehmensentwicklung. Der vorherrschenden Kurzlebigkeit in der heutigen Arbeitswelt sowie dem kurzzeitigen „Verbrennen" von Mitarbeitern mit zunehmend steigenden Arbeitsbelastungen muss entgegengewirkt werden, um eine gute Arbeitskultur und damit eine nachhaltige Unternehmensentwicklung zu erzielen. (vgl. Oberleiter, Reifer & Streit, 2016, S. 26 f.) Darüber hinaus müssen zukünftige Entwicklungen der Arbeitswelt in die Betrachtung mit einfließen. Die fortschreitende Digitalisierung ist dabei ebenso zu berücksichtigen, wie ein zunehmender Wertewandel aufgrund größer werdenden Generationsunterschieden innerhalb der Unternehmensbelegschaft.

So lautet das Ziel dieser Arbeit, durch gezielte Strategien die nachhaltige Entwicklung des Unternehmens zu unterstützen, indem die Mitarbeiterbindung gestärkt, Zufriedenheit gesteigert, Begeisterung geschaffen und die Gesundheit der MA gefördert wird. So sollen Strategien abgeleitet werden, welche dazu beitragen, dass die MA eines Unternehmens aus innerer Überzeugung und mit Begeisterung dauerhaft in diesem arbeiten wollen.

Forschungsfrage:

Durch welche Optimierungsstrategien des HR-Managements, bestehend aus unterschiedlichen Maßnahmen, kann eine ***nachhaltige Unternehmensentwicklung****, im Sinne von Steigerung der* ***MA-Zufriedenheit****, Schaffen von* ***Begeisterung*** *und* ***emotionaler Bindung*** *sowie Förderung der physischen und psychischen* ***MA-Gesundheit****, unterstützt werden?*

Eine kurze Einführung in die theoretischen Grundlagen der gerade definierten Zielfaktoren zur Unterstützung einer nachhaltigen Unternehmensentwicklung wird das nachfolgende Kapitel geben.

3 Mitarbeiterbindung, -Zufriedenheit und -Gesundheit

„Begeisterte und engagierte Mitarbeiter heute sind eine gute Basis dafür, dass heutige Noch-Nicht-Mitarbeiter morgen Mitarbeiter werden, die am liebsten gestern schon da gewesen wären und auch viel länger als bis übermorgen bleiben."
(Carsten Bach)

3.1 Mitarbeiterbindung

Häufig ist zu lesen, dass man heutige und kommende Herausforderungen und Veränderungen[3] vor allem mit loyalen und engagierten Mitarbeitern erfolgreich bewältigt, (vgl. Wolf, 2016, S. 14) wofür *Mitarbeiterbindung* das treffende Stichwort zu sein scheint. Doch was genau ist die sog. Mitarbeiterbindung (oder auch Retention)?

Unterschieden wird in dem Zusammenhang zwischen vier verschiedenen Ebenen. Die *rationale (oder auch kalkulatorische) Bindung* zum einen ähnelt eher einer Zweckgemeinschaft zwischen Arbeitnehmer und -geber. Hier entsteht die „Bindung" vor allem durch eine prognostizierte Kosten-Nutzen-Relation auf Seiten des Mitarbeiters. Zudem kann man auch vertragliche Bindungen an den Arbeitgeber (wie Kündigungsfristen und Rückzahlungsverpflichtungen) zu dieser Ebene hinzuzählen. (ebd., S. 51 ff.) Bei rein rationaler Bindung ist die Gefahr groß, dass Mitarbeiter zwar im Unternehmen bleiben, sich jedoch nur mäßig engagieren. (ebd., S. 71) Insofern ist die rationale Ebene für die Thematik dieser Arbeit nicht weiter von Bedeutung. Bei der nicht-rationalen Mitarbeiterbindung zum anderen wird zwischen behavioraler, normativer und emotionaler Mitarbeiterbindung unterschieden. Die *behaviorale Bindung* beschreibt die „Beibehaltung bestehender Gewohnheit" (Wolf, 2016, S. 72). Bei diesem verhaltensfortsetzenden Verhalten, das sicherlich individueller Ausprägung des Einzelnen unterliegt, wird teilweise ein Beschäftigungsverhältnis aufrechterhalten, obwohl genügend rationale Gründe vorliegen, es zu beenden. (ebd., S. 74) Die *normative Bindung* findet vor allem auf der ethisch-moralischen Ebene statt. Die Bindung beruht hier auf einem „inneren Gefühl von Verantwortlichkeit", welches vor allem gegenüber Personen, wie Kollegen oder Vorgesetzten, aufkommt. Normativ

[3] Siehe dazu Kapitel 4

gebundene Mitarbeiter haben häufig das Gefühl, bspw. für empfangene Leistungen oder Wertschätzung „eine Gegenleistung oder […] Dankbarkeit in Form von Unternehmenstreue leisten zu müssen“ (Wolf, 2016, S. 81). Die vierte Ebene der Mitarbeiterbindung ist die *emotionale Bindung* und zugleich die Bindung mit der stärksten Wirkkraft. Sie zeichnet sich dadurch aus, dass häufig eine große Übereinstimmung der Ziele und Werte zwischen Arbeitnehmer und Arbeitgeber vorliegen. So kann eine Identifikation des Beschäftigten mit seinem Arbeitgeber zu Stande kommen. Eine bestehende emotionale Bindung führt dazu, sich in besonderem Maße für den Bindungspartner einzusetzen. Dabei werden sogar rationale Aspekte vernachlässigt. Mitarbeiter, die emotional gebunden sind, weisen meist auch eine außerordentliche Zufriedenheit auf und gehen dementsprechend mit Begeisterung und innerer Überzeugung ihrer Arbeit nach. (ebd., S. 86 ff.) Damit rückt die emotionale Ausprägung der Bindung in den Fokus der weiteren Betrachtung in dieser Arbeit.

Häufig wird in der Literatur und Praxis auch von sog. *Commitment* gesprochen. Dieses drückt aus, „inwieweit sich Menschen ihrer Organisation oder Teilen der Organisation (z. B. der Abteilung oder Arbeitsgruppe) zugehörig und verbunden fühlen“ (van Dick, 2017, S. 3) und kann im weiteren Sinne als Synonym zur Mitarbeiterbindung angesehen werden. Hierbei wird ebenso zwischen kalkulatorischem (oder fortsetzungsbezogenem) Commitment[4], normativen Commitment[5] und affektivem bzw. emotionalem Commitment[6] unterschieden. (vgl. Kanning, 2017, S. 208) Eckrich nennt noch eine weitere beachtenswerte Dimension, das *Schein-Commitment*, wobei Beschäftigte eine bestimmte Einstellung vorgeben, da sie sich unter Druck gesetzt fühlen. Großen Wert für die Unternehmenskultur und das bestrebte Ziel dieser Arbeit hat diese Art von Commitment nicht und wird dementsprechend außen vor gelassen. (vgl. Eckrich, 2017, 77 f.)

---

4 Bindung entsteht aus Mangel an attraktiven Alternativen oder durch beim möglichen Verlassen entstehende Kosten (vgl. Van Dick, 2017, S. 4).

5 Siehe normative Mitarbeiterbindung

6 Siehe emotionale Mitarbeiterbindung

Der jährlich durchgeführte Gallup Engagement Index soll Aufschluss über die Bindung deutscher Arbeitnehmer geben. 2016 wurde dementsprechend eine telefonische Befragung mit 1.413 Arbeitnehmer durchgeführt. Die Hochrechnung der Studie führte zu dem Ergebnis, dass in Deutschland lediglich etwa 15% der Arbeitnehmer eine hohe emotionale Bindung zu ihrem Unternehmen aufweisen. 70% hat immerhin noch eine geringe und weitere 15% keine emotionale Bindung zu ihrem Arbeitgeber. (vgl. Nink, 2017)

3.2 Mitarbeiterzufriedenheit und -Begeisterung

Unter Mitarbeiterzufriedenheit wird die Einstellung von Beschäftigten gegenüber ihrem gesamten Arbeitsumfeld bezeichnet. Die Einstellung wird bspw. durch den Vergleich zwischen Erwartungen (dem Soll) und dem tatsächlich wahrgenommenen Arbeitsumfeld (Ist) der Mitarbeiter erzeugt. Zufriedenheit ist somit eine individuelle, emotionsorientierte Wahrnehmung bzw. Empfindung. Je nach Ausprägungsmaß der Emotionen wird dabei von Zufriedenheit oder auch von Begeisterung gesprochen, wobei die Begeisterung als eine nochmalige Steigerung der Zufriedenheit aufzufassen ist. Wolf drückt dies folgendermaßen aus:

- „Unzufriedenheit *senkt* die Verbleibabsicht,
- Zufriedenheit *verändert nicht* die Verbleibabsicht,
- Begeisterung *steigert* die Verbleibabsicht“ (Wolf, 2016,S. 142 f.).

Man könnte entsprechend sagen – was der Mitarbeiterbindung das affektive Commitment ist, ist der Mitarbeiterzufriedenheit die Begeisterung von Beschäftigten. Denn in beiden Fällen geht es um eine innere Überzeugung, die nur durch einen hohen Grad an positiven intrinsischen Emotionen erreicht werden kann. Da Zufriedenheit gemäß der oberen Beschreibung ebenfalls durch die Erfüllung von Bedürfnissen zu Stande kommen kann, wird sie, bezogen auf die Arbeitswelt, eng mit der Motivation in Verbindung gebracht. Der Unterschied liegt darin, dass sich Motivation primär auf eine Aufgabe oder ein noch zu erreichendes Ziel – also einen Prozess, wie beispielsweise die Ausführung der Arbeitsaufgaben – bezieht (prospektiv). Zufriedenheit hingegen entsteht oder liegt vor, wenn ein bestimmter Zustand oder ein Ziel bereits erreicht wurde (retrospektiv). (vgl. Berchtold-Ledergerber, 2010, S. 165 ff.)

In der Forschung wurde schon häufig untersucht, wie sich die individuelle Arbeitszufriedenheit von MA auf deren Leistung auswirkt. Auch wenn die Vermutung relativ naheliegt, dass ein Zusammenhang zwischen den beiden Faktoren bestehen müsse, herrschen hier stets kontroverse Ansichten. In den meisten Analysen ergaben sich lediglich geringe positive Korrelationen zwischen Zufriedenheit und Leistung. (vgl. Myers, 2014, S. 488; Treier, 2009, S. 233) Treier kritisiert in der Forschung jedoch vor allem die Messbarkeit von Arbeitszufriedenheit: „Das Problem ist jedoch, dass das Konstrukt Arbeitszufriedenheit nicht eindeutig definiert, ja sogar ambivalent ist“ (2009, S. 231). Damit sind auch die späteren Ergebnisse innerhalb dieser Arbeit im Hinblick auf Mitarbeiterzufriedenheit teils mit Vorsicht zu genießen. Die Ergebnisse beruhen vor allem auf subjektiven Empfindungen von Studienteilnehmern, wodurch kein einheitliches Gradmaß für „Zufriedenheit“ gebildet werden kann.

3.3 Mitarbeitergesundheit

„Neun Zehntel unseres Glückes beruhen allein auf der Gesundheit“, so drückte bereits A. Schoppenhauer[7] den Stellenwert der Gesundheit aus. Dieser wird dementsprechend auch ein großer Anteil an Beachtung in der Arbeitswelt geschenkt. Im Kontext der Wissenschaft wird die *gesunde Arbeit* von der Arbeitswissenschaft / Ergonomie, den Humanwissenschaften (u. a. Arbeits- und Organisationspsychologie), den Technik- und Naturwissenschaften und dem Personalmanagement behandelt. (vgl. Rudow, 2014, S. 5) Lt. Rudow (2014, S. 17 ff.) solle gesunde Arbeit, als Stufenkonzept zusammengefasst, folgende Gesundheitsqualitäten bewirken:

- Keine *körperlichen* Erkrankungen
  z. B. Muskel- und Skeletterkrankungen, Verletzungen, Atemwegserkrankungen, Herz-Kreislauf-Erkrankungen oder Erkrankungen der Verdauungsorgane.

[7] Deutscher Philosoph (1788–1860)

- Keine *psychosomatischen* Erkrankungen

  Dazu zählen psychische und organische Funktionsstörungen, die Beschwerden hervorrufen; z. B. Wirbelsäulenleiden, Herzfunktionsstörungen, Magen-Darm-Beschwerden, Schlaf- oder Sehstörungen.

- Keine *psychischen* Erkrankungen

  Vor allem Psychosen zu nennen (Schizophrenie, endogene Depression, Epilepsie etc.); zudem Neurosen, die auch als soziale Fehlentwicklung bezeichnet werden (z. B. Phobien, Zwangshandlungen, Depressionen, Alkoholismus und weitere Süchte).

- Keine Befindensbeeinträchtigungen

  Beeinträchtigungen, die temporäre Arbeitsunzufriedenheit und subjektive Leiden hervorrufen; z. B. Angst/ Stress, psychische Ermüdung/ Monotonie, Depressivität.

- Wohlbefinden, Vitalität und Handlungskompetenz

  Gesunde Arbeit sollte neben dem Hervorrufen von Wohlbefinden bestenfalls auch die Handlungskompetenz beinhalten, d.h. die „effiziente Bewältigung von Arbeitsanforderungen bzw. -belastungen“.

Vollständigkeitshalber ist auch das Phänomen Burnout[8] kurz zu berücksichtigen. Dabei handelt es sich um einen Zustand der „emotionalen Erschöpfung am Beruf“ (Schwenoha, 2015, S. 15) und tritt beispielsweise im Zuge gefühlter Überforderung auf. Es wird stets kontrovers diskutiert, ob es sich beim Burnout-Syndrom um eine eigenständige Krankheit handelt – einige Ärzte sind davon überzeugt, andere betrachten es als Vorstufe einer Depression. In der International Classification of Diseases ISD-10 der Weltgesundheitsorganisation (WHO) ist Burnout allerdings nicht als Krankheit klassifiziert. (vgl. Schwenoha, 2015, S. 15) Dennoch schätzen die Betriebskrankenkassen, dass deutschlandweit bis zu neun Millionen Menschen betroffen sind. (vgl. Rudow, 2014, S. 94)

---

[8] Kommt aus dem Englischen von „to burn out“ = „ausbrennen“.

Krankheitsbedingte Ausfälle stellen einen hohen Kostenfaktor in Unternehmen dar. Zusätzlich ist ein hoher Krankenstand auch häufig ein Indiz dafür, dass die Personalpolitik nicht optimal umgesetzt wird. Denn häufig haben neben Arbeitsinhalten und Arbeitsbedingungen auch weitere Faktoren, wie beispielsweise die Unternehmens- und Führungskultur, Verhältnis der Mitarbeiter untereinander oder auch die Ausprägung der Mitarbeiterbindung, Einfluss auf die Gesundheit der Beschäftigten. Unternehmen besitzen damit eine Vielzahl von Möglichkeiten, um den Krankenstand innerhalb der Belegschaft zu reduzieren und eine höhere Mitarbeitergesundheit zu generieren. Neben den ohnehin gesetzlich festgelegten Arbeitsschutzmaßnahmen sollten Maßnahmen auf freiwilliger Basis, z. B. Präventionsmaßnahmen (siehe Kap. 6.7, Betriebliche Gesundheitsförderung) ein- und durchgeführt werden. (vgl. Höf-Bausenwein, 2016, S. 133)

Zudem wurde in einer äußerst umfangreichen Metastudie nachgewiesen, dass die Identifikation der Mitarbeiter zum Unternehmen (und auch zu ihrem Team) einen positiven Einfluss auf deren physisches und psychisches Wohlbefinden hat. Vor allem die psychischen Gesundheitsfaktoren korrelieren in positiver Weise mit einer ausgeprägten Identifikation der Mitarbeiter. (vgl. Van Dick, 2017, S. 58) Allerdings muss vollständigkeitshalber angemerkt werden, dass eine zu ausgeprägte Identifikation und emotionale Bindung zu einem zu hohen Stellenwert der Arbeit führen kann[9] und es in der Folge damit auch zu erhöhtem Stressaufkommen bis hin zur Arbeitssucht und schließlich zum Burnout kommen kann. (vgl. Van Dick, 2017, S. 60) Im weiteren Verlauf dieser Arbeit wird von solchen negativ geprägten Extremfällen allerdings abgesehen und hohe emotionale Bindung als ein rein positiver Zielzustand betrachtet.

In der Folge werden nun wesentliche Rahmenbedingungen und Entwicklungen in der Arbeitswelt dargestellt.

[9] Wird auch als Überidentifikation beschrieben. (vgl. Van Dick, 2017, S. 60)

4 Rahmenbedingungen und Herausforderungen

„Alle Hindernisse und Schwierigkeiten sind Stufen, auf denen wir in die Höhe steigen.“
(Friedrich Wilhelm Nietzsche)

Gerade in den letzten Jahren ist ein starker Umbruch in der Arbeitswelt zu erkennen. Ein Wandel der vor allem aus gesellschaftlichen, wirtschaftlichen und technologischen Veränderungen resultiert. Hierbei wird häufig auch von sog. Trends (oder Megatrends) gesprochen, über deren Ausmaß und Folgen umfangreich diskutiert und geforscht wird. (vgl. Krüger, 2016, S. 39 f.) Dazu gehören sowohl gesamtgesellschaftliche als auch individuelle Veränderungen. Ein geläufiges Beispiel ist die Entwicklung des demografischen Wandels. Das Durchschnittsalter der Gesellschaft steigt, wohingegen die potentielle MA-Anzahl nachfolgender Generationen sinkt. Hinzu kommen zunehmende Dynamik, Komplexität sowie Internationalisierung der Wirtschaft. Auch ein (gesellschaftlicher) Wertewandel zwischen verschiedenen Generationen ist fortwährend erkennbar. (vgl. Kirschten, 2017, S. 61 f.) Kirschten spricht in diesem Zusammenhang von sich verändernden „unternehmensexternen und internen Rahmenbedingungen“, welche einen starken Einfluss auf eine nachhaltige Entwicklung der Unternehmen zur Folge haben. (vgl. 2017, S. 61) Um geeignete Maßnahmen und Instrumente zur Förderung einer nachhaltigen Entwicklung bestimmen zu können, müssen zunächst die gegenwärtigen sowie zukünftigen Entwicklungen der Arbeitsweltеinflüsse herausgearbeitet und analysiert werden, um die relevantesten Rahmenbedingungen und Herausforderungen möglichst plausibel darstellen zu können. Kirschtens Aufteilung in unternehmensexterne und unternehmensinterne Rahmenbedingungen erscheint für eine transparente Darstellung der wirtschaftlichen Ist-Situation äußerst sinnvoll und wird daher im Folgenden ebenso konzipiert. (ebd.)

4.1 Unternehmensexterne Rahmenbedingungen

Unternehmensexterne Rahmenbedingungen obliegen beispielsweise gesamtwirtschaftlichen Entwicklungen, politischen Veränderungen der technologischen Innovationen und sind somit i.d.R. nicht direkt von einzelnen Unternehmen beeinflussbar. Die relevantesten externen Rahmenbedingungen zur Bewertung einer nachhaltigen Unternehmensentwicklung werden in der Folge summarisch beschrieben.

4.1.1 Demografischer Wandel

Die Thematik des demografischen Wandels ist in Deutschland längst allgegenwärtig. Er beschreibt die Veränderung der Bevölkerungsstruktur. Darunter fallen beispielsweise Altersstruktur oder Geschlechtsgliederung. Die zentralen Faktoren für die Entwicklung der Bevölkerung sind Geburtenrate (Fertilität), Sterberate (Mortalität) sowie Migration, d.h. die Zu- und Auswanderung in Deutschland. (vgl. Prezewowsky, 2007, S. 17)

In Abbildung 4.1 ist die Veränderung der deutschen Bevölkerungsstruktur gut erkennbar: Die schwarze, durchgezogene Linie stellt die Altersstruktur von 1990 dar. Im Vergleich erkennt man gräulich hinterlegt die Struktur von 2013. Während man vor fast 30 Jahren noch im Ansatz, zumindest ab dem erwerbsfähigen Alter, von einer sog. Alterspyramide sprechen konnte, ähnelt die Form heutzutage eher einer Raute. Denn bei gleichzeitig steigender Lebenserwartung innerhalb der Gesellschaft durch besser werdende medizinische Versorgung und zunehmend gesündere Lebensweise ist die Geburtenrate seit Jahren kontinuierlich rückläufig. Verdeutlicht wird dies auch durch die Prognose des Statistischen Bundesamtes. So entfielen im Jahr 2013 auf 100 Personen im erwerbsfähigen Alter[10] 34 Personen, die das 65. Lebensjahr bereits erreicht bzw. überschritten hatten. Für das Jahr 2060 wird bei einer „kontinuierlichen demografischen Entwicklung“ prognostiziert, dass auf 100 Erwerbstätige etwa 61 Personen von 65 Jahren und höher entfallen. (vgl. Statistisches Bundesamt [Destatis], S. 24 f.)

Vor besagten Entwicklungen können auch Unternehmen nicht die Augen verschließen, somit dürfte der demografische Wandel unter anderem eine bedeutende Rolle in der

[10] Erwerbsalter hier: von 20 bis 64 Jahren

strategischen Personalpolitik spielen, um ein nachhaltiges Personalmanagement zu gestalten.

Die verschiedenen Rahmenbedingungen und Herausforderungen sind eng ineinander verflochten. Damit beeinflussen sie sich gegenseitig, das Auftreten des einen Trends führt beispielsweise zur Verstärkung eines anderen. So beeinflusst die dargestellte Entwicklung des demografischen Wandels den Arbeitsmarkt und verstärkt in der Folge den derzeit vieldiskutierten Fachkräftemangel[11]. (vgl. Olesch, 2016, S. 25)

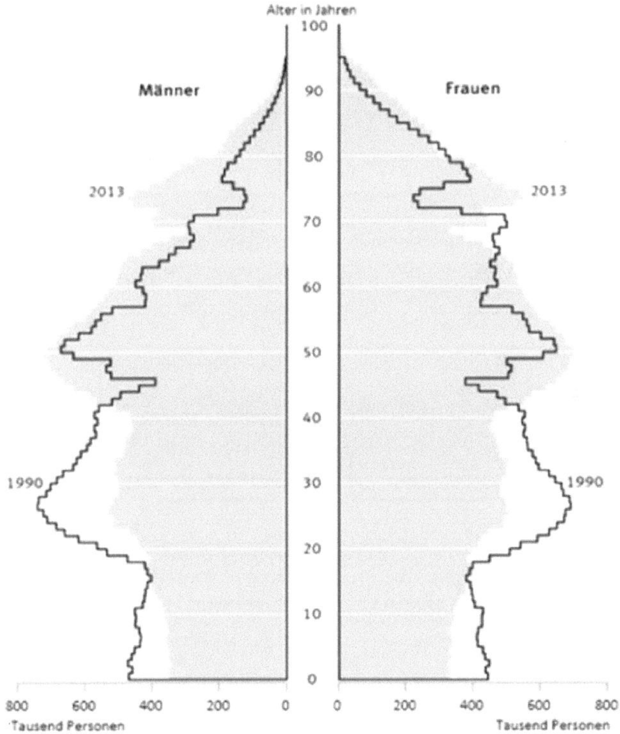

Abbildung 4.1 – Bevölkerungsstruktur in Deutschland 2013 im Vergleich zu 1990
Quelle: Statistisches Bundesamt, Wiesbaden 2015, S.11

[11] Siehe Kap. 4.1.3

4.1.2 Arbeitsmarktentwicklung

Laut der Studie *Arbeitsmarktprognose 2030*[12], die im Auftrag des Bundesministeriums für Arbeit und Soziales (BMAS) durchgeführt wurde, wird die Zahl der Erwerbspersonen[13] bis zum Jahr 2030 um fast 3 Mio. im Vergleich zu 2010 auf etwa 40,8 Mio. zurückgehen. Allerdings basieren diese Zahlen auf der Annahme, dass sich die Erwerbsquote älterer Menschen weiter erhöht. Das erwerbsfähige Alter wird hierbei auf den Rahmen von 15 bis 74 Jahren ausgeweitet. Sollte die Entwicklung hingegen weniger günstig verlaufen, sodass der Zuwachs der Erwerbsquote von Älteren schwächer steigt, würde die Zahl der Erwerbspersonen noch stärker fallen. (vgl. BMAS – Bundesministerium für Arbeit und Soziales, 2013, S. 12 f.) Zurück-zuführen ist dieser Verlauf auf die demografische Bevölkerungsentwicklung (siehe Kap. 4.1.1), denn gerade die Zahl der jungen Menschen sowie Generationen im mittleren Alter wird abnehmen und damit die Zahl der jeweiligen Erwerbspersonengruppen (siehe Abb. 4.2). Gerade die Altersgruppe der Erwerbspersonen zwischen 25 und 54 wird lt. Studie um etwa 4,8 Mio. Personen schrumpfen. Die Veränderungen auf dem Arbeitsmarkt werden Experten zufolge dazu führen, dass die Nachfrage nach qualifizierten Arbeitskräften weiter ansteigen wird, wobei geringer Qualifizierte aufgrund „sich verändernder Aufgabenbereiche" eher weniger nachgefragt werden. (vgl. Kirschten, 2017, S. 69) Auch solche Prognosen sind ein ausschlaggebender Punkt dafür, dass ein aufkommender Fachkräftemangel weitläufig diskutiert wird.

Trotz der weiterhin kontinuierlich, leicht absinkenden Zahl der Erwerbslosen auf etwa 1,7 Mio. im Jahre 2030 (vgl. Abb. 4.3) müssen seitens der Unternehmen Lösungen gefunden werden, um den Rückgang der Erwerbspersonen möglicherweise einzudämmen und möglichst viele ältere Arbeitnehmer im Arbeitsmarkt zu halten. (ebd.)

---

[12] Das internationale Konsortium der Studie unter der Leitung von Economix Research & Consulting (München) besteht aus dem Warwick Institute of Employment Research (Coventry GB), Cambridge Econometrics (Cambridge GB), Research Centre of Education and the Labour Market (Maastricht NL), das Fraunhofer Institut für Arbeitswirtschaft und Organisation (Stuttgart) und dem Institut für Sozialwissenschaftliche Forschung e.V. (München).

[13] Erwerbstätige und Erwerbslose

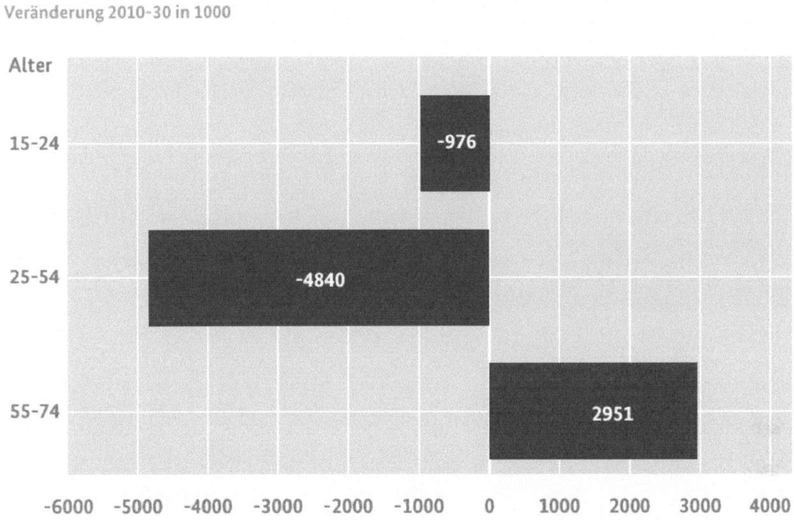

Abbildung 4.2 – Erwerbspersonen nach Alter (2010–2030)

Quelle: BMAS – Bundesministerium für Arbeit und Soziales, 2013, S. 13

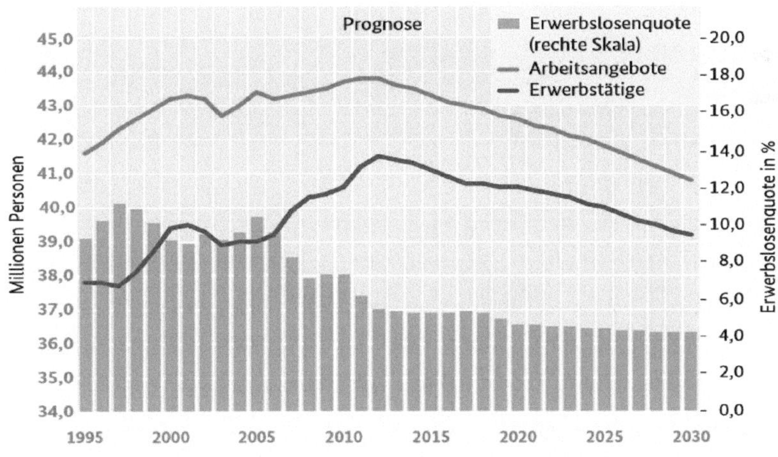

Abbildung 4.3 – Gesamtentwicklung des deutschen Arbeitsmarktes

Quelle: BMAS – Bundesministerium für Arbeit und Soziales, 2013, S. 26

4.1.3 Fachkräftemangel

Als Fachkräftemangel wird ein Zustand bezeichnet, in welchem eine bedeutende Knappheit an bestimmten, qualifizierten Arbeitskräften (Fachkräften) besteht, sodass eine hohe Anzahl von entsprechenden, offenen Arbeitsplätzen nicht oder nur sehr schwer besetzt werden kann. Die Meinungen, ob in Deutschland tatsächlich von einem solchen Fachkräftemangel gesprochen werden kann, liegen teilweise weit auseinander. Olesch beispielsweise geht davon aus, dass der demografische Wandel zu einem erheblichen Mangel an Fachkräfte führen wird, welcher sich in den folgenden Jahren noch zunehmend verschärfen wird. (vgl. 2016, S. 67) Auch eine Untersuchung des *Instituts der deutschen Wirtschaft Köln* (IW Köln) kam zu dem Schluss, dass Fachkräfteengpässe auf dem deutschen Arbeitsmarkt zwar weiter zunehmen, man allerdings noch nicht von einem flächendeckenden Fachkräftemangel sprechen könne. (vgl. Institut der deutschen Wirtschaft Köln, 2017) Insbesondere in den sog. MINT-Berufen[14] wird in Deutschland über einen Fachkräfteengpass diskutiert. Drei Faktoren spielen bei der Betrachtung eines möglichen Fachkräftemangels eine entscheidende Rolle: die Region, die Fachrichtung sowie die entsprechende Qualifikation. So sind einige Regionen und Fachbereiche stärker von einem Fachkräfteengpass betroffen als andere. Ein flächendeckender Mangel an Fachkräften sei, wie bereits angedeutet, in Deutschland allerdings nicht erkennbar. (ebd.)

Die halbjährlich durchgeführte Fachkräfteengpassanalyse der Bundesagentur für Arbeit soll jeweils einen Überblick über die aktuelle Fachkräftesituation geben. Die durchgeführte Analyse zielt darauf ab, Engpässe in Deutschland nach Berufen und Ländern aufzugliedern. Wie in den vorherigen Jahren kommt die Fachkräfteengpassanalyse von Juni 2017 zu der Beurteilung, dass zwar trotz gestiegener Vakanzzeiten[15] noch von keinem flächendeckenden Fachkräftemangel ausgegangen werden kann. (vgl. Bundesagentur für Arbeit & Statistik / Arbeitsmarktberichterstattung, 2017, S. 6) Allerdings treten bundesweite Engpässe weiterhin überwiegend in „technischen Beru-

[14] MINT = Mathematik, Informatik, Naturwissenschaft, Technik

[15] Vakanzzeit = Zeitspanne zwischen dem gewünschten Besetzungstermin eines Stellenangebots bis zur tatsächlichen Besetzung der Stelle

fen sowie im Bereich der Gesundheit und Pflege" auf. (ebd., S.8) Kritisch anzusehen ist, dass eine „vollkommene räumliche Mobilität von Arbeitssuchenden" unterstellt wird. Um diese weniger realitätsnahe Annahme einzugrenzen, wird die Situation bereits auf Bundesländerebene aufgeschlüsselt. Kleinräumigere Engpässe können in der Analyse jedoch nicht erfasst werden. (vgl. Bundesagentur für Arbeit & Statistik / Arbeitsmarktberichterstattung, 2017, S. 5)

Letztlich ist es, wie bei den meisten Vorhersagen, sehr schwierig eine genaue Prognose über die langfristige Entwicklung des Fachkräftemangels in Deutschland aufzustellen. Doch abgesehen davon ist, wie zuvor beschrieben, ein Engpass an Fachkräften bereits präsent – zwar bislang lediglich in einigen Berufsfeldern sowie Regionen in Deutschland, jedoch müssen ansässige und betroffene Unternehmen gewiss überlegen, in welcher Weise sie mit einer solchen Herausforderung heute und zukünftig umgehen.

4.1.4 Globalisierung und Internationalisierung

Eine stetig fortschreitende Verbesserung der Informations- und Kommunikationsmedien sowie die steigende Mobilität durch schnelle Transport- und Reisemöglichkeiten führte in den letzten Jahrzehnten zu einer immer dichteren globalen Vernetzung. Auch das Bestreben seitens der Unternehmen nach der Erschließung weiterer, attraktiver Märkte und das Ausbauen internationaler Kooperationen, Lieferbeziehungen sowie Gründungen von Joint Ventures oder gar das Aufbauen eigener Tochterunternehmen, führten zu einem kontinuierlichen Anstieg von Internationalisierung und Globalisierung. (vgl. Kirschten, 2017, S. 70) Bei allen Vorzügen und Wettbewerbsvorteilen wird auch eine steigende Unübersichtlichkeit und Komplexität und somit ein höherer Steuerungsaufwand in Kauf genommen. Zudem sind im Vergleich zu früheren, räumlich begrenzteren Geschäftstätigkeiten, viele neue Kompetenzen auf Seiten der Mitarbeiter notwendig, um als Unternehmen international erfolgreich agieren zu können. Dadurch steigt folglich auch die Nachfrage nach kompetenten Fachkräften. (ebd.) Auch innerhalb eines Unternehmens kommt es durch die Internationalisierung zu Veränderungen: größere kulturelle Diversitäten, moderne, flexiblere Arbeitsformen

(z. B. virtuelle Teams) und Arbeitszeiten sind heute alltäglich. Somit eröffnen sich auch innerhalb der Belegschaft neue Chancen (z. B. Synergien durch kulturelle Unterschiede), aber gleichzeitig auch Risiken (z. B. Missverständnisse, falsche Erwartungen und unterschiedliche Vorstellungen), die es seitens der Unternehmen zu berücksichtigen gilt. (vgl. Köppel, 2008, S. 95 ff.)

4.2 Unternehmensinterne Rahmenbedingungen

Unternehmensinterne Rahmenbedingungen betreffen unternehmensinterne Gegebenheiten, Vorgaben und Situationen. Auch diese Bedingungen haben sich in den letzten Jahren zunehmend verändert. Dargestellt werden in der Folge die Themen der Digitalisierung, einer zunehmenden Arbeitsbelastung, alternden Belegschaft und der fortschreitende Wertewandel.

4.2.1 Digitalisierung

Die Digitalisierung ist in aller Munde, ursprünglich beschreibt sie die Umwandlung analoger Werte und Daten in digitale Formate. Heute ist mit dem Begriff jedoch meist der digitale Wandel bzw. die digitale Transformation gemeint. Diese beschreibt den Veränderungsprozess in der Gesellschaft und damit in der Wirtschaft, Kultur, Bildung und Politik, welcher durch die fortschreitende Digitalisierung vorangetrieben wird. Die genaue Bedeutung des Terminus *Digitalisierung* ist meist erst aus dem Kontext ersichtlich. Für die Thematik der vorliegenden Arbeit sind vor allem die unternehmensbetreffenden Auswirkungen sowie die fortlaufenden Entwicklungen und Veränderungen in der Arbeitswelt von Bedeutung. Dahingehend wurden bereits Bedenken laut, dass die Digitalisierung zu einer „technologischen Arbeitslosigkeit" führen könnte, da menschliche Arbeit durch effektiver werdende Technologien zunehmend überflüssig wird. (vgl. Krabel, 2016, S. 99) Die Ökonomen Frey und Osborne der Oxford University kamen 2013 in einer Studie zu der Einschätzung, dass 47% der amerikanischen Bevölkerung eine Tätigkeit ausübt, die in den nächsten 10 – 20 Jahren mit hoher Wahrscheinlichkeit (>70%) automatisiert werden könne. (vgl. Frey & Osborne, 2013) Bonin et al. (2015) übertrugen diese empirische Studie auf den deutschen

Arbeitsmarkt und kamen zu der Prognose, dass der Anteil der Arbeitsplätze in Deutschland mit einer Automatisierungswahrscheinlichkeit von über 70% bei gerade einmal 12% liegt. (vgl. Bonin, Gregory & Zierahn, 2015, S. 14 ff.) Krabel betont allerdings, dass Prognosen massiver Arbeitsplatzverluste in der Vergangenheit schon öfter aufkamen, diese allerdings nie eingetreten seien. (vgl. 2016, S. 101) Daneben eröffnet die Digitalisierung neue Unternehmensfelder mit wesentlich veränderten Geschäftsmodellen. In den vergangenen Jahren sind eine Vielzahl von digitalen Marktplätzen, sog. Plattformen entstanden, wodurch teilweise etablierte Branchen revolutioniert wurden (z. B. die Hotellerie durch Airbnb oder das Taxigewerbe durch Uber). (ebd.)

Des Weiteren wird häufig der Marketingbegriff „Industrie 4.0" für eine zukunftsfähige, vernetzte Produktion benutzt, dabei entstehen weitere Anwendungsmöglichkeiten durch flexible Ressourcenbereitstellung (Cloud-Computing), der Integration neuer, „bisher IT-ferner Komponenten (Internet der Dinge)" sowie die „Erfassung und Verknüpfung noch größerer Datenmengen (Big Data)" (Lepping & Palzkill, 2016, S. 21). Betrachtet man den Themenschwerpunkt dieser Arbeit, so ist die Betrachtung der Auswirkungen auf die Arbeitswelt sicherlich am interessantesten, denn besonders im Arbeitsalltag bietet die Digitalisierung reichlich neue Chancen, bringt aber auch beachtliche Herausforderungen mit sich. Sowohl Arbeitsinhalte als auch Arbeitsverhältnisse haben sich bereits in den letzten Jahren maßgeblich verändert. Durch neue Technologien ist ein fortschreitend hoher Anstieg an globalen Kooperationen zu beobachten. Multinationale Netzwerke werden somit immer alltäglicher und ein effizientes, interkulturelles Zusammenarbeiten immer wesentlicher für den Erfolg von Unternehmen. (siehe dazu auch Kap. 4.1.4) Unternehmen lassen sich durch moderne Informations- und Kommunikationsmedien problemlos über Raum, Zeit und Organisationsgrenzen hinweg verknüpfen – das Arbeiten in virtuellen Strukturen wird zunehmend alltäglicher. Dadurch ändern sich allerdings ebenso die Qualifizierungsbedarfe und Kompetenzansprüche an Arbeitnehmer und auch an Führungskräfte (z. B. digital leadership). Auch die Gestaltung des Arbeitsplatzes selbst muss dementsprechend neu durchdacht werden (z. B. Büro 4.0). Flexiblere Strukturen, wie beispielsweise Homeoffice-Angebote, gehören heute in vielen Unternehmen bereits zum Alltag. (vgl. Bengler & Schmauder, 2016) Die neuen Möglichkeiten werfen allerdings auch Fragen auf: wie lassen sich Mitarbeiter innerhalb virtueller Strukturen erfolgreich führen? Beeinträchtigen fehlende face-to-face Interaktionen vielleicht die sozialen Ebene zwischen den Mitarbeitern und kann eine solche Arbeitsweise überhaupt nachhaltige Zufriedenheit schaffen? Untersuchungen haben bereits gezeigt, dass fehlende physische Präsenz einen Vertrauensaufbau zwischen Teammitgliedern erheblich erschweren kann (vgl. Köppel, 2008, S. 150) und zur Beeinträchtigung bei der Bildung von Beziehungen zwischen Teammitgliedern führt. (ebd., S. 142) Auch beim Führen von Mitarbeitern werfen beispielsweise traditionelle Führungskonzepte eine Reihe von Problemen auf, da mehr über Ziele und Motivation gesteuert werden sollte. (vgl. Köppel, 2008, S. 268) Zudem ist Kontrolle meist nur erschwert möglich und auch der Koordinationsaufwand nimmt vergleichsweise zu. (ebd., S. 269)

4.2.2 Steigende Arbeitsbelastung (inhaltlich/ zeitlich)

Sowohl Arbeitsbedingungen als auch Arbeitsanforderungen haben sich in den letzten Jahren und Jahrzehnten enorm verändert. Dadurch erfahren viele Beschäftigte gleichzeitig einen inhaltlichen und zeitlichen Anstieg von Belastungen bei der Arbeit. Vor allem die zunehmende Vielfalt an Aufgaben und die anwachsenden Erwartungen von Flexibilität und Mobilität seitens der Unternehmen an ihre Beschäftigten führen zu erhöhtem Stressaufkommen. (vgl. Kirschten, 2017, S. 75) Verschiedene Studien zeigen einen Trend von steigenden Belastungen in der Arbeitswelt. Das Institut für Demoskopie Allensbach (IfD) führte im April 2016 hierzu Interviews mit 1.437 Personen durch, um das Befinden der Berufstätigen zum stattfindenden Veränderungsprozess in der Arbeitswelt festzustellen. Obwohl fast die Hälfte aller Befragten angaben, nahezu völlig zufrieden mit ihrer Arbeit zu sein und auch der Durchschnittswert zur Arbeitszufriedenheit relativ hoch lag, sei bei vielen eine zunehmende Belastung spürbar. Fast die Hälfte der Befragten gibt an, dass ihre Arbeitsbelastung in den vergangenen Jahren angestiegen sei. Unter den Führungs-kräften lag dieser Wert sogar bei 57%. Jeder Zehnte gab an, sich am Arbeitsplatz häufig überlastet zu fühlen, weitere 38% hätten dieses Befinden zumindest gelegentlich. Vor allem die Gruppe der Befragten, die angaben, dass sich die Bedingungen an ihrem Arbeitsplatz stark verändert hätten, klagen über Überbelastung: 71% davon gaben an, sich häufig oder gelegentlich überlastet zu fühlen.

Bei der Frage, welchen spezifischen Veränderungen es in den letzten Jahren am Arbeitsplatz gab, waren 56% der Meinung, man müsse heute vergleichsweise mehr leisten und der Arbeitsdruck sei gestiegen. Knapp die Hälfte gab an, Arbeiten müssen häufiger unter Zeitdruck erledigt werden und rund ein Drittel ist der Ansicht, die Arbeit sei anspruchsvoller und komplexer geworden. Zudem werde bei rund einem Viertel der Befragten erwartet, dass sie auch außerhalb der normalen Arbeitszeiten erreichbar seien. Dennoch muss festgehalten werden, dass die einzelnen Werte der belastenden Arbeitsveränderungen in einer fast identischen Umfrage vor vier Jahren durchschnittlich 10% höher lagen, als es in der aktuellen Umfrage der Fall ist. (vgl. Institut für Demoskopie Allensbach)

Auch der aktuelle BKK[16] Gesundheitsreport 2017 befasst sich mit den Auswirkungen von Veränderungen in der Arbeitswelt, insbesondere der Digitalisierung auf die Arbeitsbelastung von Beschäftigten. Fast die Hälfte der Befragten (> 40%) gaben hier an, dass sie Aufgaben durch die Digitalisierung zum einen schneller erledigen und zum anderen auch mehrere Aufgaben simultan bearbeiten. Knapp 30% räumen ein, auch in ihrer Freizeit Arbeit zu erledigen. Dementsprechend berichtet rund jeder Fünfte davon, sich durch die Auswirkungen der Digitalisierung gelegentlich überlastet oder ausgebrannt zu fühlen. Auch in Bezug auf die psychische Gesundheit sehen 28% die heutige Arbeitswelt belastender an als früher. Lediglich 10% sind hingegen der Meinung, die psychische Belastung nehme durch die Digitalisierung sogar ab. (vgl. Knieps & Pfaff, 2017, S. 16 f.)

[16] Der BKK Dachverband e. V. wurde im Januar 2013 als politische Interessenvertretung der betrieblichen Krankenversicherungen in Deutschland gegründet. Zu den Verbandsmitgliedern gehören aktuell 76 Betriebskrankenkassen und vier BKK Landesverbände (vgl. www.bkk-dachverband.de).

4.2.3 Alternde Belegschaft

Der demografische Wandel in Deutschland hat, wie in Kapitel 4.1.1 beschrieben, einen Anstieg des Altersdurschnitts in Deutschland zur Folge. Ähnlich werden auch die Altersstrukturen in vielen deutschen Unternehmen ansteigen. In Abbildung 2 aus Kapitel 4.1.2 ist eine Prognose zur Entwicklung der Erwerbstätigkeitsgruppen nach deren Alter bis zum Jahre 2030 abgebildet. Demnach werde vor allem die Anzahl von Erwerbspersonen in der mittleren Altersgruppe zwischen 25 und 54 Jahren um etwa 4,8 Mio. Personen zurückgehen – mit einem gleichzeitigen Zuwachs von 3 Mio. Erwerbstätigen in der Altersgruppe über 55 Jahren. (vgl. BMAS – Bundesministerium für Arbeit und Soziales, 2013, S. 12 f.) Somit ist mit einem geringeren Anteil an jüngeren Nachwuchskräften zu rechnen, als es in der Vergangenheit der Fall war. Die Zahl der älteren Mitarbeiter wird hingegen steigen, zum einen, weil die Altersgruppe einen größer werdenden Anteil der Gesamtbelegschaft ausmachen wird und sich zum anderen das Renteneintrittsalter möglicherweise weiter erhöhen wird. Unternehmen sollten somit reagieren und „altersgerechte Arbeitsbedingungen und Arbeitsplätze" schaffen, um Mitarbeiter langfristig gesund zu halten und den Krankenstand trotz steigender Altersstruktur einzugrenzen. (vgl. Kirschten, 2017, S. 75)

4.2.4 Wertewandel

Werte sind „kognitive Präferenzstrukturen, die Entscheidungen beeinflussen und das Verhalten steuern" (Kirschten, 2017, S. 75). Sie sind dementsprechend handlungswirksam, d.h. durch Werte wird das Tun und Handeln von Personen oder gar Gesellschaften geleitet. Ein sog. Wertewandel kann folglich Veränderungen von Präferenzen, Handlungsweisen und Haltungen zur Folge haben. (vgl. Weßels, 2015, S. 761) Die für die nachfolgende Betrachtung relevantesten Werte sind die arbeits-orientierten Werte, diese haben sich in den vergangenen Jahrzehnten zusehend verändert. In der Literatur und Generationenforschung werden diesbezüglich häufig verschiedene Personengruppen nach deren Geburtsjahrgängen geclustert. In der Folge wird auf die einzelnen, verschiedenen Generationsgruppen eingegangen. Dabei ist festzuhalten, dass ein Festmachen von Generationszugehörigkeit am Geburtsjahrgang allein eine stark vereinfachte Vorgehensweise darstellt. (vgl. Krüger, 2016, S. 41 f.) Zudem sind Erkenntnisse und Annahmen zu einzelnen Generationen immer gesamt-gesellschaftlich zu betrachten, für Individuen lassen sich solche Zuweisungen nicht generalisieren. (vgl. Hackl & Gerpott, 2015, S. 68) In der gegenwärtigen Literatur beginnt die Klassifikation der für die heutige Arbeitswelt relevanten Generationen meist bei der sog. Babyboomer-Generation (~ Jahrgänge 1946 – 1964[17]), fährt mit Generation X (~ 1965 – 1980), Generation Y (~ 1980 – 1994 [bzw. 2000]) und schließlich Generation Z (~ ab 1995 [bzw. 2001]) fort. (ebd., S. 45) Eine kurze Erläuterung zur Charakterisierung einzelner Generationsgruppen und den nennens-wertesten Unterschieden zwischen den Gruppen soll einen knappen Einblick geben.

a) Babyboomer

Die Bezeichnung ist auf die hohe Geburtenrate der Nachkriegszeit zurückzuführen, die 1964 ihren Höhepunkt erreichte (~ 1,4 Mio. Geburten). Als so geburtenreiche Generation mussten die Babyboomer lernen mit Konkurrenzsituationen umzugehen. (vgl. Kirschten, 2017, S. 78) Dies spiegelt sich in einer guten Teamfähigkeit sowie Sozialkompetenz und Durchsetzungsvermögen wieder. Zudem ist bei ihnen das sog. Senioritätsprinzip[18] vorherrschend. (vgl. Hackl & Gerpott, 2015, S. 74) Sie besitzen weitestgehend eine hierarchische Denkweise und streben Führungspositionen an, aber auch der Sicherheitsgedanke, wie ein sicherer Arbeitsplatz, hat einen hohen Stellenwert. (vgl. Krüger, 2016, S. 46) Gegenüber dem Arbeitgeber sind Mitarbeiter der Generation Babyboomer äußerst loyal, wobei der Ruf des Unternehmens für sie eine vergleichsweise untergeordnete Rolle spielt. Sie sind verantwortungsbewusst und sehen die Arbeit als Pflicht an, für viele ist diese sogar in den Mittelpunkt des Lebens gerückt. Bevorzugte Kommunikationswege sind persönliche oder telefonische Gespräche. Als motivierend sehen sie die Wertschätzung für ihre Erfahrungen an, dementsprechend ist eine erfahrungsorientierte, wertschätzende und partizipative Führung wünschenswert. (vgl. Hackl & Gerpott, 2015, S. 74f.)

---

[17] In der (deutschen) Literatur werden die Jahrgänge von 1946–1955, die oben als Teil der Babyboomer aufgefasst werden, teilweise nochmals als die sog. „Wirtschaftswundergeneration“ (1946–1955) gesondert betrachtet. (vgl. Kirschten, 2017, S. 77)

[18] Das Senioritätsprinzip besagt, dass Beschäftigten mit zunehmender Betriebszugehörigkeitsdauer – und damit i.d.R. mit zunehmendem Lebensalter – Privilegien und steigende Anrechte auf Leistungen zuteilwerden. (vgl. www.wirtschaftslexikon.gabler.de)

b) Generation X

Die Generation X stellt in Deutschland aktuell die größte Gruppe der Erwerbstätigen. Mitglieder dieser Gruppe befinden sich mitten im Arbeitsleben. Zudem haben sie Phasen starker Veränderungen miterlebt. Die Ausbreitung von Computereinsatz in der Arbeitswelt und fortschreitende Entwicklung der Informations- und Kommunikationstechnologien erforderte immer größere Lern- und Anpassungs-fähigkeit innerhalb zeitlich kürzer werdender Abstände. (vgl. Kirschten, 2017, S. 78) Im Gegensatz zu den Babyboomern wird die Arbeit nicht über alles gestellt. Zwar ist sie wichtig, um ein materiell abgesichertes und zufriedenes Leben führen zu können, aber auch die Work-Life-Balance spielt eine wichtige Rolle. Die Generation X legt somit Wert auf Arbeitszufriedenheit und eine hohe Lebensqualität. Ihre Loyalität ist weniger an das Unternehmen gebunden, sondern gilt stattdessen eher dem Vorgesetzten (vgl. Krüger, 2016, S. 46) oder dem eingeschlagenen Karriereweg. (vgl. Hackl & Gerpott, 2015, S. 73) Weitere Merkmale der Generation sind Selbstständigkeit, Pragmatismus, Individualismus und Zuverlässigkeit. (vgl. Kirschten, 2017, S. 78)

c) Generation Y

Die Generation Y wird auch Generation Why, Millennials oder Generation Praktikum genannt. Sie zieht in der Forschung aktuell viel aufmerksam auf sich. Infolgedessen werden der Generation Y eine Vielzahl teils auch widersprüchliche Zuschreibungen gemacht. (vgl. Otto & Remdisch, 2015, S. 51) Eine häufig genannte Eigenschaft ist die starke Medienaffinität und -kompetenz, die sich sowohl in der Stellensuche als auch der Arbeitsweise wiederspiegelt. (ebd.) So ist die Informationsbeschaffung und Kommunikation über das Internet Normalität, ebenso wie der Umgang mit I+K-Technologien. (vgl. Kirschten, 2017, S. 79) Des Weiteren wird in Verbindung mit der Generation Y häufig von sinnstiftender Arbeit gesprochen, dementsprechend wird häufiger auf ökologische und soziale Verantwortung geachtet. (vgl. Otto & Remdisch, 2015, S. 52) Trotz der allgemein gestiegenen Ansprüche an den Arbeitgeber, sinkt die Loyalität der Generation Y gegenüber den Unternehmen – die durchschnittliche Verweildauer bei ein und demselben Arbeitgeber wird kürzer, verglichen mit vorherigen Generationen. (vgl. Hackl & Gerpott, 2015, S. 71) Merkmale dieser Generation sind zudem äußerst flexible und mobile Arbeitsweisen und damit auch Offenheit gegenüber anderer Kulturen durch internationale Vernetzung. Grenzen zwischen Arbeit und Privatleben lösen sich tendenziell durch ständige Erreichbarkeit (durch Smartphones und Online-Netzwerke) weiter auf. Auch der Drang zur Sicherheit ist nicht mehr so stark ausgeprägt, da ein häufiges Wechseln des Arbeitgebers als normal erachtet wird. (vgl. Kirschten, 2017, S. 79) Extrinsische Anreize seien der Generation Y, abgesehen von einem soliden Grundgehalt, nicht mehr so wichtig, wie vorherigen Generationen. Stattdessen wird mehr Wert auf ein kollegiales Umfeld und gutes Arbeitsklima sowie kreatives, flexibles und mitgestaltendes Arbeiten sowie Wertschätzung gelegt. (vgl. Otto & Remdisch, 2015, S. 52)

d) Generation Z

Die Generation Z stellt die zurzeit jüngste Generationengruppe dar, die wissenschaftlich untersucht wird. Charakteristisch für die Generation Z ist, dass sie in das technische Zeitalter hineingeboren wurde – ein Leben ohne Internet oder Smartphone ist unvorstellbar. Dementsprechend ist sie für die fortschreitende Digitalisierung bestens gerüstet. Virtuelle Strukturen und Arbeitsweisen werden selbstverständlich sein. Darüber hinaus spielt in dieser Generation die ökologische und soziale Verantwortung eine zunehmende Rolle. Weitere charakteristische Werte sind „Individualität, Selbststeuerung und große Flexibilität" (Kirschten, 2017, S. 80). Da die ersten Mitglieder dieser Generation erst die Arbeitswelt betreten, sind arbeitsspezifische Werte noch nicht ausreichend erforscht. (ebd.)

Die Zusammenfassung der einzelnen Generationen, die heute in der Arbeitswelt miteinander interagieren, dient auch dazu die Komplexität darzulegen, der Arbeitgeber gegenüberstehen, bei dem Versuch die Wünsche aller Arbeitnehmer gleichermaßen zu befriedigen. Durch die zunehmende Diversität in der Arbeitswelt steigt zugleich die Schwierigkeit für Unternehmen und insbesondere das HR-Management, Mitarbeiter tatsächlich begeistern zu können, um diese möglichst langfristig (emotional) an das Unternehmen zu binden. Aber auch dahingehend Arbeitsabläufe und -strukturen so zu gestalten, dass sie von allen Mitarbeitern angenommen werden, ohne diese zu demotivieren oder gar gesundheitliche Probleme herbeiführen. Dementsprechend soll im Anschluss an die Beschreibung der Untersuchungsmethodik im Folgekapitel, eine Untersuchung erfolgen, inwiefern bestimmte Personalmaßnahmen potenziell zum Wohlergehen von Beschäftigten beitragen und inwieweit und in welcher Weise bestimmte Maßnahmen bereits umgesetzt werden.

5 Untersuchungsmethodik

„Die Praxis sollte das Ergebnis des Nachdenkens sein, nicht umgekehrt."
(Hermann Hesse)

5.1 Zielsetzung und Forschungsfrage

Nachhaltigkeit wird gegenwärtig in fast allen Lebensbereichen diskutiert. (vgl. Kap. 2) Da abgesehen von der Lebensweise und dem Konsumverhalten der Weltbevölkerung auch die globale Wirtschaft den Löwenanteil an dem Fortgang der Nachhaltigkeit hat, stehen vor allem Unternehmen in der Pflicht, zu agieren. Nicht zuletzt durch das in den vergangenen Jahren erheblich gestiegene öffentliche Interesse wird Nachhaltigkeit auch für Unternehmen heute und zukünftig zu einer der zentralen Herausforderungen.

Betrachtet man zudem die hochdynamischen wirtschaftlichen, gesellschaftlichen und technologischen Entwicklungen, wie sie in Kapitel 4 zusammengefasst wurden, so zeigt sich, dass eine erfolgreiche nachhaltige Entwicklung immer komplexer zu erzielen ist. Neben ökologischer und ökonomischer Nachhaltigkeit, ist auch eine soziale Nachhaltigkeit essenziell für Unternehmen. Gerade in Zeiten des demografischen Wandels ist die Humanressource eine der entscheidenden Faktoren zur Sicherung einer nachhaltigen Unternehmensentwicklung. Dafür sollte gerade in Deutschland das Bestreben nach zufriedenen Mitarbeitern, die mit Begeisterung und innerer Überzeugung ihrer Arbeit nachgehen, eine große Rolle spielen. Anstatt Arbeitnehmer durch enorme Arbeitsbelastung zu „verbrennen", sollte eine nachhaltige psychische und physische Gesundheit gefördert werden. (vgl. Kap. 3)

Unter Einbeziehung der sich verändernden internen und externen Rahmenbedingungen (z. B. Digitalisierung, Fachkräftemangel, Wertewandel etc.) soll untersucht werden, mit welchen Maßnahmen im HR-Management eine nachhaltige Unternehmensentwicklung heute und zukünftig optimiert werden kann. Daraus lässt sich folgende Forschungsfrage ableiten:

*Durch welche Optimierungsstrategien des HR-Managements, bestehend aus unterschiedlichen Maßnahmen, kann eine **nachhaltige Unternehmensentwicklung**, im Sinne von Steigerung der **MA-Zufriedenheit**, Schaffen von **Begeisterung** und **emotionaler Bindung** sowie Förderung der physischen und psychischen **MA-Gesundheit**, unterstützt werden?*

Diese Forschungsfrage steht im weiteren Verlauf dieser Arbeit im zentralen Mittelpunkt. Abschließend sollen mögliche, zukünftige Nachhaltigkeitsstrategien basierend auf der folgenden Maßnahmenbewertung erstellt und auf Plausibilität analysiert werden.

5.2 Untersuchungsgegenstand und Forschungsansatz

Betrachtet man die oben gestellte Forschungsfrage, so liegt der Fokus deutlich auf der internen Perspektive des HR-Managements eines Unternehmens. Den Untersuchungsgegenstand dieser Arbeit bilden, angesichts der genannten Zielfaktoren, die Beschäftigten innerhalb eines Unternehmens. Es soll untersucht werden, inwiefern Mitarbeiter und deren Wohlergehen von eingesetzten HR- Strategien und -Maßnahmen beeinflusst werden, sodass eine nachhaltige Unternehmensentwicklung bestmöglich unterstützt werden kann. Das Ziel der nachfolgenden Untersuchung beinhaltet somit einen umfassenden, strukturellen Überblick über eingesetzte Strategien und Maßnahmen des HR-Managements, wobei die Wirkung und die Problematiken der einzelnen Maßnahmen besondere Berücksichtigung erfahren, um so die gestellte Forschungsfrage möglichst objektiv durchleuchten zu können.

Die Auswahl der zu betrachtenden Maßnahmen erfolgte über die häufigsten, als wesentlich betrachteten Mitarbeiterbindungsinstrumente und -strategien. (u. a. Hays AG & IBE, 2017, S. 30; Olesch, 2016, S. 78; Kampkötter, Laske, Petters, Sliwka & Müller, 2015, S. 11)

Die Wahl des geeigneten Forschungsansatzes ist essenziell wichtig für eine zielführende Forschung und Untersuchung und sollte im Voraus gut überdacht werden. Zunächst gilt es zu klären, ob eine qualitative oder eine quantitative Methode für die Problematik den richtigen Ansatz bildet. Quantitative Methoden zielen darauf ab, deduktive Hypothesen abzuleiten, die im Forschungsprozess durch standardisierte Methoden mit messbaren Indikatoren überprüft werden („Hypothesenprüfung"). Dies setzt jedoch voraus, dass verfügbare Daten zur Untersuchung der Forschungsfrage unter gleichen Voraussetzungen erhoben wurden, um eine quantitative Vergleichbarkeit sicherzustellen. Allerdings würde dies im konträren Zusammenhang mit der zuvor dargelegten Vorüberlegung des Forschungsansatzes stehen. Zudem besteht in quantitativen Methoden das sog. „Objektivitätsproblem", Intersubjektivität soll gelten. Damit entfällt die Möglichkeit einer Reflexion und Darstellung eigener Annahmen des Forschenden. (vgl. Schirmer, 2009, S. 62 ff.) Betrachtet man allerdings die Komplexität der Problematik sowie den ineinander verflochtenen und hochdynamischen, zuvor beschriebenen Einflussrahmen, welcher die Zielfaktoren zusätzlich prägt, so ist eine rein objektive Darstellung für die spätere Untersuchung weder geeignet noch befriedigend realisierbar. Somit wird in der Arbeit bewusst darauf verzichtet, distinkte Zahlenwerte als spätere Ergebnisgrößen zu bestimmen. Eine objektive Bewertung, wie stark beispielsweise ein einzelnes Instrument die Zielfaktoren beeinflusst und schließlich zu einer nachhaltigen Entwicklung beiträgt, wäre aus oben genannten Gründen nur vage realisierbar. Schließlich existieren gerade bei der vorliegenden Thematik eine Vielzahl an weiteren Variablen und Faktoren, welche zusätzlich Einfluss auf das Ergebnis nehmen. Dementsprechend leistet ein gewisser Interpretationsspielraum einen deutlichen Mehrwert zur Beantwortung der vorliegenden Forschungsfrage.

5.3 Forschungsmethodik – qualitative Sekundäranalyse

Betrachtet man den Untersuchungsgenstand und die Komplexität der Problematik, wie sie zuvor bereits erläutert wurde, so ist eine qualitative Methodik die geeignetere Vorgehensweise, um dem äußerst umfassenden Erklärungsanspruch gerecht zu werden. Denn die Methode muss ermöglichen, die Wirkungsweisen einzelner Maßnahmen und Instrumente auf das Befinden der Mitarbeiter analysieren und bewerten zu können. Diese Anforderung erfüllt allein die qualitative Methode, die den Anspruch erhebt, *„Lebenswelten von «innen heraus» aus der Sicht des handelnden Menschen zu beschreiben. Damit will sie zu einem besseren Verständnis sozialer Wirklichkeit(en) beitragen und auf Abläufe, Deutungsmuster und Strukturmerkmale aufmerksam machen*“ (Flick, Kardorff & Steinke, 2010, S. 14). Damit lässt sich die gesamte Arbeitswelt offener betrachten und in der Folge das Empfinden betreffender Personen deutlicher sowie umfangreicher darstellen.

Entsprechend sinnvoll erscheint aufgrund der Themenbreite und Vielfalt eine qualitative Sekundäranalyse, da diese einen gewissen methodischen Freiraum bietet, um auch die Fülle an Daten nutzen zu können, um der bestehenden Komplexität der Arbeitswelt sowie der Wirkungsweisen gerecht zu werden. Die Sekundäranalyse stellt keine Methode im engeren Sinne dar und besitzt damit keine feste, spezifische Verfahrensweise. (vgl. Medjedović, 2014, S. 25) Des Weiteren lässt eine Sekundäranalyse zu, „verschiedene Datensätze, Datenquellen und Datentypen relativ flexibel zu kombinieren“ (ebd., S. 26). Für die zu bearbeitende Fragestellung soll eine qualitative Bewertung der einzelnen Maßnahmen und Strategien auf Grundlage von mehreren (auch quantitativen) Studien der Betrachtung von relevanten Praxisbeispielen erfolgen. Aufgrund der angestrebten Breite der Untersuchung, d.h. dem bewussten Verzicht auf eine Eingrenzung der Unternehmensgröße und einer spezifischen Branche, stellt die Sekundäranalyse einen guten Forschungsansatz dar. Denn: *„Der Zugriff auf multiple Datensätze ermöglicht [...] Vergleichsanalysen in vielerlei Hinsicht, wobei Daten relativ flexibel miteinander kombiniert werden können. [...] In der erweiterten Analyse (amplified analysis) werden [...] mehrere bereits vorhandene Datensätze genutzt“* (Medjedović, 2014, S. 25).

Eine eigene Erhebung wäre im Hinblick auf den notwendigen Umfang und hinsichtlich der lediglich begrenzten Bearbeitungszeit der Abhandlung nicht zielführend gewesen. In der Folge wird beschrieben, anhand welcher Kriterien untersuchungsrelevante Daten bzw. Studien identifiziert und ausgewertet wurden.

5.4 Datensuche und -Nutzung

Die vorliegende zu betrachtende Thematik schließt eine enorme Bandbreite an Themen, Maßnahmen und Strategien ein, wodurch eine beachtliche Vielfalt an potenziellem Datenmaterial vorliegt. Um die Vielzahl an Studie ansatzweise greifen zu können, wurde folgende Vorgehensweise bzw. Suchstrategie gewählt. Die Recherche geeigneter Studien war auf den deutsch- und englischsprachigen Raum begrenzt. Wobei Daten des englischsprachigen Raums lediglich in einzelnen, besonders geeigneten Ausnahmefällen hinzugezogen wurden, da in erster Linie ein Bild der deutschen Arbeitswelt wiedergespiegelt und analysiert werden sollte. Die Studiensuche, welche durch das Internet gestützt wurde, fand über Google Scholar, Google, MetaGer, ResearchGate, ScienceDirect und PubPsych statt.

Die Recherche erfolgte dabei in mehreren Einzelschritten. Zunächst wurden lediglich einzelne Begriffe und Stichworte für die Suche genutzt. Verwendete Begriffe beinhalteten dabei die einzelnen, zu untersuchenden Maßnahmen sowie die Zielfaktoren der Untersuchung und einige weitere passende Begrifflichkeiten in Kombination mit der Bezeichnung „Studie“, wie in der Folge in Tabelle 5.1 dargestellt wird: „Studie + …“. Im nachfolgenden Schritt erfolgte eine weitere Suche, indem die beschriebenen Begriffe kombiniert wurden. Die Kombination erfolgte jeweils über einen Maßnahmenbegriff zusammen mit den Begriffen „Wirkung, Auswirkung, Einfluss, Erfolg, Umsetzung“ sowie die Maßnahmenbegriffe in Zusammenhang mit zuvor ebenfalls bereits angegebenen Zielfaktoren, wie „Mitarbeiterzufriedenheit, Mitarbeiterbindung, Commitment und Gesundheit“. Gefundene Studien wurden im Anschluss durch bestimmte Einschluss- und Ausschlusskriterien gefiltert, um eine besonders zielführende Auswahl an Studien für die Beantwortung der formulierten Forschungsfrage zu erhalten.

a) Einschlusskriterien:

- Aktuelle Studien – Veröffentlichung ab 2009 bis heute
- Publikationssprache Deutsch oder Englisch
- Studien, welche auf die Zielfaktoren eingehen (Bindung, Zufriedenheit, Gesundheit)
- Studien, welche Aufschluss über den „Status quo“ der Arbeitswelt liefern
- Studien, auf die der Zugriff möglich war
- Studien, die Erkenntnisse über das subjektive Empfinden von Arbeitnehmer und/ oder Arbeitgeber liefern

b) Ausschlusskriterien

- Daten/ Ergebnisse nicht präzise auf die deutsche Arbeitswelt eingrenzbar
- Daten zu eng auf eine spezifische Arbeitnehmergruppe/Arbeitsbereich bezogen
- Daten lediglich auf eine bestimmte Branche oder einen Arbeitssektor bezogen
- Daten nur für eine bestimmte, spezifische Region repräsentativ

Unternehmenskultur	Unternehmensimage
Employer Brand(-ing) / Arbeitgebermarke	Personalführung/ Mitarbeiterführung
Personalmarketing	Flexible Arbeitszeiten
Homeoffice/ mobiles Arbeiten	Work-Life-Balance
Personalentwicklung/ Mitarbeiterentwicklung	Arbeitsplatzgestaltung/ Arbeitsplatz
Ergonomie am Arbeitsplatz	Betriebliches Gesundheitsmanagement
Betriebliche Gesundheitsförderung	(psych./ phys.) Mitarbeitergesundheit
Attraktiver Arbeitgeber	Mitarbeiterbindung/ Commitment
Mitarbeiterzufriedenheit/ Arbeitszufriedenheit	Arbeitsbelastung

Tabelle 5.1 – Suchbegriffe-Übersicht (eigene Darstellung)

In der späteren Untersuchung in Kapitel 6 sollten die möglichen HR-Maßnahmen separat betrachtet werden. Entsprechend sollten die selektierten Studien durch folgendes Vorgehen jeweils einer der zu untersuchenden HR-Maßnahme zugeordnet werden. Zunächst sollte versucht werden, anhand des Abstracts bzw. durch das Lesen der Zusammenfassung einen Schwerpunkt festzumachen, um so die Studie einer der Maßnahmen zuordnen zu können. War dies noch nicht zielführend, weil z. B. mehrere Maßnahmen innerhalb der Studie beleuchtet wurden, so wurde wiederum durch detaillierteres Lesen der gesamten Studie versucht, eine geeignete Zuordnung zu bestimmen. Verhalf auch dies nicht der Selektierung, so wurde die Studie verworfen.

In Kapitel 6 sollte dann eine umfangreiche Darstellung der einzelnen Studienerkenntnisse hinsichtlich der zugeordneten Maßnahmen erfolgen. Dabei sollten alle Indizien aus den Studien, die einen Einblick auf die Umsetzung sowie auf die Wirkung der jeweiligen Maßnahme hinsichtlich der Zielfaktoren „Mitarbeiterbindung, Zufriedenheit und Gesundheit“ geben, berücksichtigt und festgehalten werden. Dabei ist es unerheblich, ob eine Wertung von Personalverantwortlichen, Führungskräften oder von anderen Beschäftigten stammt, diese Differenzierung sollte nur klar erkenntlich gemacht werden. Das Ziel in Kapitel 6 ist somit einen aktuellen Bewertungsüberblick aller Einzelmaßnahmen zu erstellen.

Das Herausarbeiten und Darstellen der Erkenntnisse aus den einzelnen, einbezogenen Studien (Kap. 6; Unterpunkte ..4) in Verbindung mit weiterführenden Literaturrecherche (Kap. 6; Unterpunkte ..1 bis ..3) soll aufzeigen, ob einzelne Maßnahmen mehr oder weniger zu einer nachhaltigen Unternehmensentwicklung beitragen können. Quantitative Umfrageergebnisse innerhalb der Studien sollen in der Analyse ebenfalls (auch aufgrund sehr eingeschränkter Vergleichbarkeit zwischen den Studien) lediglich zur qualitativen Abschätzung bzw. Wertung beitragen, um die Relevanz der einzelnen Instrumente für die Optimierung der besagten Zielfaktoren genauer abschätzen zu können. Auf eine Festlegung distinkter Messwerte verzichtend, werden die Erkenntnisse aus Kapitel 6 anschließend den Zielfaktoren „emotionale Bindung“ (Kap. 7.2), „Mitarbeiterzufriedenheit“ (Kap. 7.3) und „Mitarbeiter-gesundheit“ (Kap. 7.4) zugeordnet, um dadurch einen Erkenntnisgewinn zu erlangen, welche Maßnahme einen positiven bzw. negativen Einfluss auf einen bestimmten Zielfaktor haben kann. Folglich liegt der Fokus nicht auf genauen Messwerten, sondern auf einer umfangreichen, qualitativen Wertung, sodass ein Überblick zu momentaner Umsetzung und Wirkung einzelner Maßnahmen in der Arbeitswelt geschaffen wird, um auf dessen Erkenntnisgrundlage mögliche Optimierungs-maßnahmen (Kap. 7.3) ableiten und generieren zu können.

Es muss abschließend noch darauf hingewiesen werden, dass die Ergebnisse nicht als allgemeingültig anzusehen sind. Der Anspruch der Untersuchung bestand darin, einen qualitativen, gesamtwirtschaftlichen Überblick für Deutschland zu schaffen. D. h. die Untersuchungsergebnisse sind unabhängig von Branchen, Wirtschaftssektoren, Unternehmensgrößen oder anderen Einteilungskriterien aufzufassen. Dementsprechend gilt lediglich eine eingeschränkte Repräsentativität für Einzelfallbetrachtungen.

6 Strategien des HR-Managements

„Der beste Weg, die Zukunft vorauszusagen, ist, sie zu gestalten.“
(Willy Brandt)

Ein fundiertes, gut aufgebautes Personalmanagement kann einen essenziellen Beitrag zu einem langfristigen bzw. nachhaltigen Unternehmenserfolg leisten. Um explizite Zielvorgaben zu realisieren, sind gezielte, sinnvolle Strategien notwendig. (vgl. Bea & Haas, 2017, S. 541) Eben solche Optimierungsstrategien gilt es im Rahmen dieser Arbeit für eine nachhaltige Unternehmensentwicklung zu bestimmen und zu bewerten. Das Vorgehen zur Umsetzung der einzelnen Maßnahmen und Instrumente ist nicht Teil dieser Arbeit, dafür ist ggf. spezifische, weiterführende Literatur der einzelnen Themen zu nutzen.

Dieses Kapitel zielt darauf ab, eine ganzheitliche Auswahl von HR-Strategien bzw. Maßnahmen darzustellen und deren Bedeutsamkeit für eine nachhaltige Unternehmensentwicklung zu erörtern und zu analysieren. Die Bewertung der jeweiligen Instrumente wird anhand geeigneter Studien durchgeführt, um somit möglichst objektive Aussagen darüber treffen zu können, inwiefern einzelne Maßnahmen unter Berücksichtigung heutiger und zukünftiger Rahmenbedingungen (vgl. Kap. 4) eine nachhaltige Unternehmensentwicklung unterstützen und optimieren können. Diese nachhaltige Unternehmensentwicklung wird im Sinne von Steigerung der MA-Zufriedenheit, Schaffen von Begeisterung und emotionaler Bindung sowie Förderung der MA-Gesundheit betrachtet. Darüber hinaus sollen Schwachstellen und Problematiken aufgedeckt werden, um bei der Erstellung von zukünftigen Optimierungsstrategien gezielt an besagten Stellen ansetzen zu können.

Die Maßnahmen, deren Relevanz für eine besagte Entwicklung beurteilt werden sollen, sind Folgende:

- Unternehmenskultur und -vision
- Employer Branding
- Personalmarketing

- Flexible Arbeitszeiten, Homeoffice – Work-Life-Balance
- Personalentwicklung
- Arbeitsplatzgestaltung und Ergonomie
- Betriebliches Gesundheitsmanagement und -förderung
- MA-Führung

6.1 Unternehmenskultur und -Vision

6.1.1 Beschreibung

Die *Unternehmenskultur* (häufig auch Organisationskultur) ist ein kollektives, grundlegendes Werte- und Orientierungssystem innerhalb eines Unternehmens. Häufig werden Normen, Werte und Einstellungen in Grundsätzen (auch Leitbildern) verfasst und drücken so die Mission und Vision eines Unternehmens aus. Auf Grundlage der Unternehmenskultur soll das Handeln und Verhalten von Organisationsmitgliedern geprägt werden. (vgl. Oberleiter et al., 2016, S. 67) "*The way we do things around here*" – so definierte Bower[19] schon früh den Sinn einer Unternehmenskultur. (Bower, 1966) Die *Mission* stellt die grundlegende Absicht eines Unternehmens dar, beschreibt also den Auftrag, den sich ein Unternehmen selbst gibt. Die *Vision* hingegen beschreibt die zukünftigen Ziele eines Unternehmens und soll ein Bild der Zukunft visualisieren, das entsteht, nachdem der Auftrag verwirklicht wurde. (vgl. Oberleiter et al., 2016, S. 67)

Ein interessanter Ansatz von Dutton et al. (1994) besagt zudem, dass grundsätzlich zwischen zwei unterschiedlichen Organisationskulturen zu unterscheiden ist. Auf der einen Seite steht die „wahrgenommene organisationale Identifikation“, welche durch die Eigenschaften der Organisation hervorgerufen werden, die Mitarbeiter „zentral und dauerhaft wahrnehmen“ sowie die Attribute, die sie besonders von anderen Unternehmen unterscheiden lässt. Auf der anderen Seite sei das „konstruierte externe Image“, welches ausdrückt, wie die Organisation von außen angesehen und wahrgenommen wird. (vgl. Van Dick, 2017, S. 81 f.)

[19] Er war von 1950 bis 1967 Managing Director beim Unternehmensberatungsriesen McKinsey & Company.

6.1.2 Zweck/ Nutzen

Die Unternehmenskultur kann als „Wertefundament" angesehen werden und bildet die Basis dafür, nach welchen Werten und Normen innerhalb des Unternehmens agiert werden sollte. Entsprechend beeinflusst sie das Handeln und Denken der gesamten Belegschaft und kann bestenfalls auch zu Verbundenheitsgefühl und emotionaler Bindung von Beschäftigten führen, indem die Kultur einen gemeinsamen, sinnstiftenden Rahmen vermittelt. Entscheidende Faktoren dabei sind Kommunikation und Glaubwürdigkeit ausgerufener Werte. Früher waren Leitbilder beispielsweise vor allem an Organisationsmitglieder gerichtet, heute werden sie jedoch auch gezielt nach außen an die Öffentlichkeit kommuniziert. (vgl. Kanning, 2017, S. 179) Somit haben diese sowohl innere als auch äußere Funktionen.

Nach innen gerichtete Leitbilder eines Unternehmens haben u. a. eine Orientierungsfunktion. Das heißt, Mitarbeitern sollen so die Werte und Ziele der Organisation transparent vermittelt werden, um diese als Orientierungspunkte für ihr Handeln und Verhalten zu nutzen. So beschreiben Leitbilder beispielsweise, wie Mitarbeiter intern miteinander umgehen, wie das Verhältnis zu Kunden und Partnern aussehen soll oder auch wie sich das Unternehmen weiterentwickeln möchte. Zudem sollen Leitbilder sinngebend sein und Mitarbeiter motivieren, indem sie ihnen den Sinn ihrer täglichen Arbeit aufzeigen (Steigerung der intrinsischen Motivation). Hinzu kommt das Stärken der sozialen Identität von Mitarbeitern, z. B. das Erzeugen eines Wir-Gefühls, womit Zusammengehörigkeit vermittelt werden soll.

Nach außen gerichtete Leitbilder vermitteln den Kunden und Eigentümern eines Unternehmens ein Versprechen, „sich in eine bestimmte Richtung zu engagieren". Außerdem erfahren so auch potenzielle Bewerber, wofür ein Unternehmen steht und wofür es sich einsetzt. (vgl. Kanning, 2017, S. 179)

6.1.3 Aufwand und Voraussetzungen zur Umsetzung

Die kommunizierte Unternehmenskultur bzw. die Grundsätze und Leitbilder schnüren Erwartungen, die früher oder später auch erfüllt werden sollten. Dazu muss ein Unternehmen diese Leitbilder nicht einfach nur kommunizieren, sondern diese auch tatsächlich umsetzen und leben. Andernfalls besteht die Gefahr, dass alles nur als eine Werbefassade betrachtet werden würde. (vgl. Kanning, 2017, S. 179) Zu einem entsprechenden Verhalten passt ein Zitat von Franz Josef Strauß: „Grundsätze muss man nur hoch genug hängen, damit man bequem darunter durchlaufen kann“ (zitiert nach Eckrich, 2017, S. 224). Widerspricht die Realität den ausgegebenen Leitbildern, so kann dies die Glaubwürdigkeit des Unternehmens beeinträchtigen und dem Ansehen in der Folge erheblich schaden. Als jüngstes Beispiel kann hier Volkswagen genannt werden, bei dem folgende Grundsätze nach dem Dieselskandal geradezu grotesk erscheinen: „Verantwortungsvoll: Volkswagen handelt vorausschauend und übernimmt Verantwortung für Mensch, Umwelt und Gesellschaft. Damit leistet Volkswagen einen entscheidenden Beitrag zu einer lebenswerten Welt – heute und für künftige Generationen.“ (Volkswagen, 2007). So ist es gegebenenfalls besser, keine Leitbilder zu besitzen, als solche, die nicht zutreffen.

6.1.4 Bewertung

Der Nutzen von Leitbildern ist in der Forschung äußerst umstritten. Kanning vergleicht mehrere Studien und kommt zu dem Schluss, es lasse sich nicht nachweisen, dass die reine Existenz eines Leitbildes irgendeinen Effekt hat. (2017, S. 183) Vielmehr komme es wohl auf den Inhalt und die daraus resultierenden Konsequenzen an. Zudem sei auch die interne Wirkung fraglich. Nach einer Studie von Darbi (2012) sei zwar fast allen Mitarbeitern bekannt, dass ein Leitbild existiere, allerdings waren nur etwa 59% der Befragten die Inhalte „aus eigener Anschauung bekannt“. Kanning bezweifelt hier allerdings die Aussagekraft, da Mitarbeiter in einer Befragung wohl nur ungern zugeben würden, wichtige Leitlinien ihres Arbeitgebers nicht zu kennen. (vgl. 2017, S. 184)

Abgesehen von der reinen Kommunikation von Grundwerten durch Leitbilder ist die Unternehmenskultur selbst ein äußerst wichtiger Bestandteil eines Unternehmens – so zumindest würde sich die Tatsache erklären, dass die „Weiterentwicklung der Unternehmenskultur“ seit Jahren stets unter den wichtigsten HR-Themen in den jährlichen Hays-Studien auftaucht. (vgl. Hays AG & IBE, 2017, S. 8) Entsprechend wurde diesem Themenbereich in der Ausgabe von 2016 besondere Aufmerksamkeit gewidmet. Unter den 532 befragten Entscheidern bildet die Unternehmenskultur (41%) das Schwerpunktthema des Jahres vor der Mitarbeiterbindung (38%), Förderung der Beschäftigungsfähigkeit von MA (34%) und Führung im Unternehmen (33%). Den hohen Stellenwert der Unternehmenskultur sehen viele darin, dass sie als Querschnitts-Thema nahezu alle anderen Bereiche sowie den Unternehmensalltag beeinflusst und prägt. Als wichtigste Themen in Bezug auf die Unternehmenskultur sehen die Befragten Kommunikation, Flexibilität und Veränderungsbereitschaft sowie die Führung. Dagegen wird Transparenz, Partizipation und Vielfalt als weniger wichtig erachtet.

Die empirischen Ergebnisse der Studie lassen allerdings nur den Schluss zu, dass die Umsetzung der Unternehmenskultur eher unzulänglich erfolgt. Allerdings herrscht hier eine Diskrepanz zwischen den Unternehmensvertretergruppen: Während Topmanager die einzelnen Aspekte eher positiv wahrnehmen (z. B. 63% sehen ihr Unternehmen in Sachen Kommunikation der Unternehmenskultur gut bis sehr gut aufgestellt), sieht es bei den Führungskräften bereits anders aus (zum Vergleich: Nur etwa 39% sehen die Kommunikation als gut bis sehr gut an). Verdeutlicht wird die Umsetzungsproblematik in folgenden Bereichen, in denen die Wichtigkeit (Soll-Zustand) und die Realität (Ist-Zustand) nach Ansicht der Studienteilnehmer auseinander liegen: offener Umgang mit kritischen Themen (Soll: 81%; Ist: 23%), Wertschätzung zwischen Führungskräften und MA (Soll: 72%; Ist: 39%), Feedbackkultur (Soll: 69%, Ist: 29%) oder hierarchieübergreifende, offene Kommunikation (Soll: 68%, Ist: 37%). Allerdings scheint der zurückhaltende Umgang mit kritischen Themen vor allem in größeren Unternehmen vorherrschend zu sein – in kleineren Unternehmen werde offener damit umgegangen. (vgl. Eilers, Möckel, Rump & Schabel, 2016) Tendenziell sei die Unternehmenskultur und deren Umsetzung auch ein ausschlaggebender Faktor für das Betriebsklima, welches von Bewerbern und Mitarbeitern häufig als äußerst wichtiger Zufriedenheitsaspekt dargestellt wird – dies zeigt auch der aktuellste Hays HR-Report (N = 1.036), bei dem ein gutes Betriebsklima erneut den ersten Platz der Instrumente für MA-Bindung belegt. (Eilers, Möckel, Rump & Schabel, 2018, S. 20 f.)

6.2 Employer Branding – Arbeitgeberimage

6.2.1 Beschreibung

Employer Branding beschreibt ein unternehmensstrategisches Konzept zur Bildung einer Arbeitgebermarke. Anders als die klassische Art der Markenbildung, wie die Produktmarke (*consumer branding*), welche durch Produkt- und Leistungsdifferenzierungen zu Wettbewerbern die Aufmerksamkeit der Kunden erwecken soll, (vgl. Hesse & Mattmüller, 2015, S. 18) wird beim Konzept des Employer Brandings der Arbeitgeber (*Employer*) als Marke (*Brand*) betrachtet. Ziel des Unternehmens ist es dabei, sich dadurch möglichst attraktiv auf dem Arbeitnehmermarkt zu präsentieren. (vgl. Kanning, 2017, S. 134) Die in Wissenschaft und Praxis deutschlandweit mit am häufigsten verwendete Definition entstammt der Deutschen Employer Branding Akademie (DEBA) und lautet:

„Employer Branding ist die identitätsbasierte, intern wie extern wirksame Positionierung eines Unternehmens als glaubwürdiger und attraktiver Arbeitgeber. Kern des Employer Brandings ist immer eine die Unternehmensmarke spezifizierende oder adaptierende Arbeitgebermarkenstrategie. Entwicklung, Umsetzung und Messung dieser Strategie zielen unmittelbar auf die nachhaltige Optimierung von Mitarbeitergewinnung, Mitarbeiterbindung, Leistungsbereitschaft und Unternehmenskultur sowie die Verbesserung des Unternehmensimages.“[20]

Die Zielgruppe eines Employer Branding Konzepts lässt sich damit auf potenzielle MA, bereits im Unternehmen beschäftigte MA sowie die Öffentlichkeit definieren. (vgl. Esch, Knörle & Strödter, 2014, S. 33) Kanning beschreibt hierbei drei mögliche Umsetzungen eines Employer Brandings im engeren sowie im weiteren Sinne. Zum einen besteht die Möglichkeit, durch gezielte Kommunikationsstrategien das Image der Arbeitgebermarke möglichst positiv darzustellen und zu beeinflussen (Employer Branding im engeren Sinne). Des Weiteren können alle realitätsverändernden Maßnahmen, die ein Unternehmen zu einem besseren Arbeitgeber machen, ebenfalls als Teil des

---

[20] DEBA 2006, Fassung vom 14. April 2007

Employer Brandings angesehen werden (Employer Branding im weiteren Sinne). Ob die Umsetzung einer solchen Maßnahme innerhalb eines Unternehmens allerdings unter dem Label „Employer Branding“ abläuft, ist häufig auch von den personellen Strukturen eines Unternehmens abhängig. (vgl. Kanning, 2017, S. 135 f.) Einige solcher Maßnahmen sind ebenfalls Teil der Untersuchung dieser Arbeit und werden gesondert betrachtet, um für jede der Maßnahmen eine individuelle Bewertung generieren zu können. Zuletzt nennt Kanning den dritten Aufgabenfall eines Employer Brandings: die Erschaffung eines Arbeitgeberimages. Der Großteil der Unternehmen ist so klein, dass sie nach außen hin relativ unbekannt sind und dementsprechend kein Arbeitgeberimage ausstrahlen. Diese Aufgabe einer Bekanntheitssteigerung und des Erzeugens eines Arbeitgeberimages ist noch grundlegender als die zuvor genannten Fälle und damit ebenfalls als Employer Branding im engeren Sinne zu betrachten. (ebd., S. 136)

6.2.2 Zweck/ Nutzen

Der primäre Zweck, dem eine Implementierung eines Employer Brandings dienen sollte, ist, wie zuvor erwähnt, die Attraktivitätssteigerung des eigenen Unternehmens bei potenziellen sowie bereits beschäftigten Mitarbeitern bzw. die Erschaffung eines Arbeitgeberimages, falls das Unternehmen selbst noch relativ unbekannt ist. Somit kann das Employer Branding sowohl extern als auch intern von erheblichem Nutzen sein. D.h. die Arbeitgebermarke kann sowohl dafür genutzt werden, um potentielle Mitarbeiter auf dem Arbeitsmarkt zu werben, als auch dafür, bereits beschäftigte Mitarbeiter zu „loyalisieren“. (vgl. Hesse & Mattmüller, 2015, S. 22) Eine attraktive Arbeitgebermarke führt nicht ausschließlich nur in der Personalarbeit zu positiven Effekten, sondern hat Auswirkungen auf das Gesamtunternehmen durch die Erzeugung verschiedener Nutzeneffekten und Wettbewerbsvorteilen. (vgl. Immerschitt & Stumpf, 2014, S. 40)

Für die vorliegende Arbeit und das Hauptaugenmerk der Untersuchung ist vor allem der zweite Punkt von entscheidender Bedeutung. Für einen aufschlussreichen Überblick zum Nutzen eines Employer Brandings ist eine zweiseitige Betrachtungsweise sinnvoll. Dabei soll die Sicht des Arbeitgebers sowie die Perspektive des Arbeitnehmers dargestellt werden, um damit den resultierenden Wirkungsbereich aufzuzeigen (siehe Abb. 6.1).

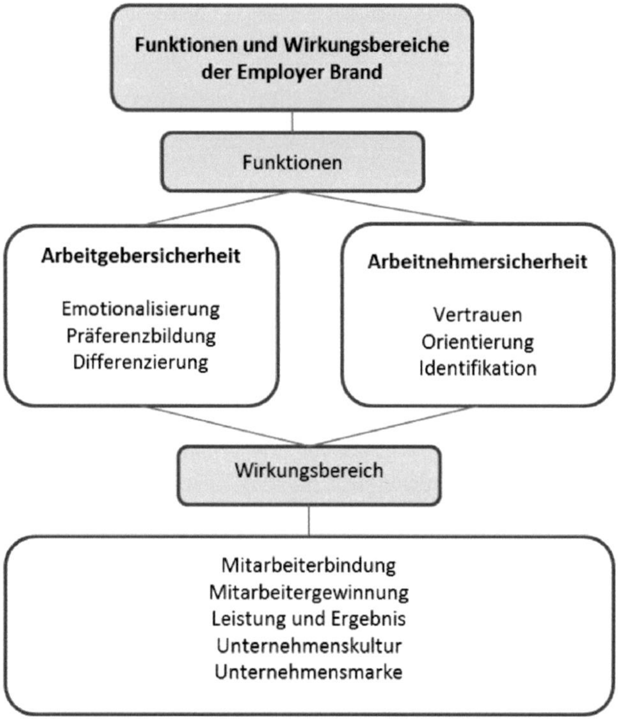

Abbildung 6.1 – Funktion und Wirkungsbereich der Arbeitgebermarke
eigene Darstellung in Anlehnung an (Stotz, Wedel-Klein & Klein, 2013, S. 27)

Bei einer funktionsorientierten Betrachtung ist *aus Arbeitgebersicht* vor allem die Präferenzbildung, Differenzierung und Emotionalisierung zu erwähnen. Dabei geht es bei der *Präferenzbildung* darum, die jeweilige Zielgruppe des Unternehmens besonders stark anzusprechen, sodass (potenzielle) Mitarbeiter das Unternehmen möglichst als Wunscharbeitgeber (*Employer-of-Choice*) betrachten. Mitarbeiter, welche sich aufgrund der Positionierung und Kommunikation des Unternehmens für selbiges entscheiden bzw. entschieden haben, sind meist langfristig motivierter und leistungsbereiter, falls ihre hervorgerufenen Erwartungen und Wertvorstellungen nicht enttäuscht werden. Zusätzlich können aus Unternehmenssicht ggf. Kosten gesenkt werden, da die Anreize für Mitarbeiter nicht lediglich auf monetärer Basis gebildet werden, sondern eher eine Bindung aus Überzeugung entsteht. (vgl. Stotz, Wedel-Klein & Klein, 2013, S. 28 f.) Die *Differenzbildung* stellt eine weitere Funktion des Employer Brandings dar. Wie der Name schon sagt, soll eine Differenzierung zur Konkurrenz- bzw. Wettbewerberarbeitgebermarke erfolgen, um damit aus der Masse an Unternehmen herauszustechen. (ebd.) Dazu trägt auch die *Emotionalisierung* der Arbeitgebermarke bei. Häufig ist eine Entscheidung zur Wahl des Arbeitgebers auch emotional geprägt. So kann eine Arbeitgebermarke, die bekannt und den Werten eines potenziellen Mitarbeiters entspricht, ein wesentlicher Faktor bei dessen Entscheidungsfindung sein. Noch interessanter für diese Untersuchung ist allerdings die Emotionalisierung von bereits beschäftigten Mitarbeitern innerhalb des Unternehmens. Zu erhoffen ist bei einer erfolgreichen Umsetzung der Arbeitgebermarkenbildung eine Steigerung der Mitarbeiterloyalität sowie deren steigende Identifikation mit dem Unternehmen. Darüber hinaus kann eine Emotionalisierung zur Fluktuationssenkung, Erhöhung der Mitarbeiterzufriedenheit und Leistungsbereitschaft sowie infolgedessen zu einer Verbesserung des Arbeitsklimas und einer transparenteren Unternehmens- und Führungskultur beitragen. (ebd., S. 29 f.)

Die Hauptfunktionen aus *Arbeitnehmersicht* sind Orientierung, Identifikation sowie Vertrauen. Der Mehrwert der *Orientierung* für einen potenziellen Arbeitnehmer, ist quasi das Pendant zur Differenzierung aus Unternehmenssicht. Durch eine klare Abgrenzung der Arbeitgebermarke zum Wettbewerb kann sich ein potenzieller Arbeitnehmer einfacher und gezielter orientieren und erfährt damit einen vereinfachten Entscheidungsprozess. Die Generierung von *Vertrauen* aufgrund einer guten Arbeitgebermarke stellt sowohl einen Vorteil für potenzielle als auch aktuelle Mitarbeiter dar. Eine starke Arbeitgebermarke bedeutet für Bewerber eine Risikominimierung bei der Auswahl des zukünftigen Arbeitgebers, insofern diese Marke ein „einzuhaltendes Wertversprechen“ verkörpert. (vgl. Stotz et al., 2013, S. 31) Dementsprechend sollte die Qualitätsfunktion samt umgesetzter Maßnahmen im Rahmen des Employer Brandings auch innerhalb der Belegschaft langfristiges Vertrauen erzeugen, wodurch wiederum Zufriedenheit und Loyalität geschaffen wird. Ähnliche Auswirkungen hat die Identifikation von Mitarbeitern mit dem Unternehmen. Wenn sich die Wertvorstellungen eines Arbeitnehmers mit denen des Arbeitgebers decken und sich dadurch eine starke Identifikation entwickelt, wird gleichzeitig die emotionale und damit die stärkste Ebene der Mitarbeiterbindung angesprochen. Die Identifikationsfunktion stellt eine essenzielle Basis dar, damit sich Arbeitnehmer langfristig wohl fühlen und aus Überzeugung Teil des Unternehmens sind. Gleichzeitig wirken emotional gebundene Mitarbeiter auch als Botschafter des Unternehmens und werden dieses weiterempfehlen. (ebd., S. 31 f.)

Aus den beschriebenen Funktionen des Employer Brandings ergeben sich für das Unternehmen die in Abbildung 4 dargestellten Wirkungsbereiche: bessere Mitarbeitergewinnung, stärkere Mitarbeiterbindung, Förderung einer transparenteren Unternehmenskultur, Stärkung der Unternehmensmarke und des Unternehmensimages sowie die Erhöhung des Engagements. (vgl. Immerschitt & Stumpf, 2014, S. 42 f.)

6.2.3 Voraussetzungen und Aufwand zur Umsetzung

Die primäre Voraussetzung eines erfolgreichen Employer Brandings ist Authentizität und Glaubwürdigkeit des Employer Brandings bzw. des Bildes, das man als Arbeitgeber versucht zu vermitteln. Sich als Unternehmen lediglich als attraktiver Arbeitgeber zu vermarkten und durch Schönreden die Realität so zu verzerren, dass man letztendlich besser dasteht, hat allenfalls einen kurzzeitig positiven Effekt (z. B. höhere Bewerberzahlen). Mittel- und langfristig kann diese Art der Vermarktung allerdings schwerwiegende Folgen für ein Unternehmen haben. Zum einen liegt es nahe, dass die eigenen Mitarbeiter mit hoher Wahrscheinlichkeit enttäuscht ihre Leistungsbereitschaft und Motivation eingrenzen und damit schnell eine negative Arbeitsatmosphäre entstehen kann. Auch aus externer Sicht kann ein solches Vorgehen erheblich mehr Schaden ausrichten, als dass es helfen könnte. Denn über kurz oder lang werden sich die tatsächlichen Zustände innerhalb des Unternehmens herumsprechen und wird ein Arbeitgeber erst einmal als unglaubwürdig eingestuft, wird es schwierig, diesen

Imageschaden wieder zu bereinigen. (vgl. Kanning, 2017, S. 143) Ein gutes Beispiel dafür, wie stark sich ein solcher Imageschaden auf ein Unternehmen auswirken kann, bekommt die Volkswagen AG zu spüren. In der jährlich vom Institut trandance durchgeführten Studie zu Deutschlands Top-Arbeitgebern stürzte VW, nach dem publik werden des sog. Dieselskandals, von Platz 3 im Jahr 2014 auf Platz 14 (2017) ab. Auch die Bewerberzahlen des Unternehmens gingen im gleichen Zeitraum um die Hälfte zurück. (vgl. Trendence)

Nur wenn die Darstellung nach außen mit der „inneren Einstellung" bzw. den realen Gegebenheiten eines Unternehmens übereinstimmt, ist dieses authentisch und glaubwürdig. (vgl. Schuhmacher & Geschwill, 2014, S. 34) Zudem muss gerade heute, bei einer zunehmenden Zahl von Kommunikationskanälen, darauf geachtet werden, dass sich die Angaben in den verschiedenen Medien nicht widersprechen. Denn nicht nur Abweichungen zwischen Darstellung und Realität, sondern auch unstimmige Darstellungen in verschiedenen Imageanzeigen, Broschüren oder auf Webseiten führt zu inkonsistenten Selbstabbildungen und daher zu mangelnder Glaubwürdigkeit. (vgl. Kanning, 2017)

6.2.4 Bewertung

Ein Employer Branding birgt in der Theorie, wie in den vorherigen Unterpunkten betrachtet, sowohl ein großes Potenzial zur Unterstützung einer nachhaltigen Unternehmensentwicklung als auch erhebliche Risiken. In der Folge soll kritisch untersucht werden, ob eine Employer Branding Strategie als sinnvoll für eine besagte Entwicklung erachtet werden kann bzw. inwiefern sich der Aufwand einer solchen Strategie für die Zielerreichung lohnt.

In der im Auftrag der Hays AG jährlich durchgeführten Studie, dem sog. *HR-Report*, belief sich der Schwerpunkt des HR-Reports 2012/2013 auf die Mitarbeiterbindung bzw. auf das Employer Branding. Zu den Befragten gehören größtenteils Angehörige der Unternehmensleitung sowie Führungskräfte von mittelständischen und Großunternehmen aus verschiedenen Branchen. Dabei belegt die *Reputation des Arbeitgebers*

Platz 3 auf die Frage, welche Instrumente besonders gut seien, um Mitarbeiter zu binden. Zum Vorjahresergebnis von 62% (N = 439 Befragte) stieg dieser Punkt 2012 auf 76% aller Befragten (N = 714). (vgl. Hays AG & IBE, 2012, S. 20 f.) Dies spiegelt die große Aufmerksamkeit wieder, welche das Thema rund um Employer Branding in besagten Jahren bekam. Bei der aktuellen Studie des HR-Reports traf dasselbige Instrument lediglich auf 15% Zustimmung bei den befragten Entscheidern (N = 591), wenn es um die wichtigsten Maßnahmen zur Mitarbeiter-bindung geht. (vgl. Hays AG & IBE, 2017, S. 28 f.) Demnach sei nach momentaner Auffassung der Befragten die reine Kommunikation des Arbeitgeberimages nicht essenziell entscheidend, für die Bindung der Beschäftigten.

Eine Aon Hewitt-Studie, an der 118 Unternehmen im deutschsprachigen Raum teilnahmen, kommt zu dem Ergebnis, dass die Befragten ein hohes Potenzial im Employer Branding sehen: 92% der Befragten geben an, ein gut umgesetztes Employer Branding könne die Attraktivität des Unternehmens steigern und rund zwei Drittel gehen davon aus, dass dadurch die Mitarbeiterzufriedenheit gesteigert werden könne und Beschäftigte enger an das Unternehmen gebunden werden. Allerdings geben nur 47% der befragten Unternehmen an, eine gute, klar definierte Employer Brand zu haben, wovon weniger als die Hälfte einen momentanen Nutzen in der Mitarbeiterbindung und Förderung des Mitarbeiterengagements sehen. Passend dazu geben 36% der Teilnehmer an, Mängel in der internen Unternehmenskommunikation zu sehen. Dementsprechend glauben nur 22% der Befragten, dass die Employer Brand von den eigenen Mitarbeitern gleichermaßen verstanden und gelebt wird. (vgl. Hewitt, 2008). In der vorliegenden Studie ist eine hohe Diskrepanz zwischen angenommenem Potenzial und tatsächlicher Umsetzung sowie realem, aktuellem Mehrwert des Employer Brandings erkennbar.

Esch führte 2014 eine Studie mit 175 zentralen Entscheidern aus dem Top Management und HR verschieden großer Unternehmen (vom kleinen Mittelstand bis zum Großkonzern) unterschiedlicher Branchen durch. Dabei wurde nach der potenziellen und momentan tatsächlichen Wirkung des Employer Brandings gefragt. 69% der

Befragten sind der Meinung, dass ein Employer Branding das Potenzial zur Attraktivitätssteigerung des Unternehmens hat, 60% geben an, bereits eine Steigerung der Arbeitgeberattraktivität mit ihrem Employer Branding erreicht zu haben. Bei den Fragen zur inneren Wirkung haben die Befragten vergleichsweise verhaltene Ansichten – nur rund 22% sehen ein Potenzial darin, durch ein Employer Branding das Engagement der eigenen Mitarbeiter noch weiter zu steigern. Allerdings geht annähernd die Hälfte der Entscheider davon aus, dass das interne Commitment gesteigert werden könne, bei 36% sei dies gar schon bemerkbar. Auch in der Senkung der Mitarbeiterfluktuation im Unternehmen sehen 41% ein mögliches Potenzial, nur bei 17% sei dies aber bereits spürbar. Eine Verbindung zwischen einem Employer Branding und einer möglichen Senkung von Mitarbeiterfehlzeiten sei hingegen nicht zu erwarten: nur rund ein Zehntel der Befragten sieht diese Korrelation als realistisch an. In der Studie wird zudem ein Defizit bei der internen Umsetzung des Prozesses erkennbar. 70% der Befragten sind der Meinung, dass einer guten Umsetzung des Employer Brandings bei den eigenen Mitarbeitern eine hohe Bedeutung zukommen sollte, nur 22% geben allerdings an, dass dies in ihrer Unternehmenspraxis auch so berücksichtigt wird und nur 10% gehen davon aus, dass die Employer Brand allen Beschäftigten bekannt ist. Dementsprechend sehen es 82% für bedeutend an, die Employer Brand bei Personalentwicklungsmaßnahmen zum Ausdruck zu bringen, 28% der Entscheider gaben an, dass dies bei ihnen auch so umgesetzt werde. (vgl. Esch, 2014). In dieser Studie sieht der Großteil der Befragten den Mehrwert eines Employer Brandings stärker im externen Bereich, z. B. bei der Erhöhung von Bewerberzahlen und Bewerberqualität. Einem positiven Effekt im internen Unternehmensumfeld wird hingegen verhaltener entgegengesehen, wodurch bei den befragten Unternehmen auch bei der Umsetzung augenscheinlich mehr Wert auf die externe Zielgruppe gelegt wird als auf die interne Kommunikation des Employer Brandings.

Ohnehin scheint es, als spiele die Bekanntheit und Größe eines Unternehmens die entscheidende Rolle, wenn es um die Attraktivität bzw. um die Auswahl eines gewünschten, zukünftigen Arbeitgebers geht. (vgl. Kanning, 2017, S. 148) Dazu betrachte man allein die Umfrageergebnisse jeglicher Top-Arbeitgeber-Studien: auf den vordersten Plätzen rangieren nahezu ausschließlich globale Großunternehmen wie die großen deutschen Automobilkonzerne sowie Bosch, Siemens, Google, BASF, Adidas, SAP und weitere, welche Dauergäste auf den vordersten Rankingplätzen besagter Studienumfragen zu sein scheinen. (vgl. trendence Institut, 2017; universum, 2017; Online FOCUS, 2017) Bei rationaler Betrachtung erscheinen solche Ergebnisse allerdings wenig überraschend. Gerade bei großflächigen Befragungen kann nicht davon ausgegangen werden, dass eine derartige Vielzahl von Studienteilnehmern über einzelne, oft lokale, mittelständische Unternehmen ausreichend gut informiert sind, sodass diese Betriebe mehr Nennungen erhalten als die etablierten Großkonzerne. Auch eine Reihe an Experimenten bestätigte eine solche These: Brooks et al. kamen im Rahmen einer von ihnen durchgeführten empirischen Studie[21], zu dem Schluss, dass Unternehmen bereits von ihrem reinen Bekanntheitsgrad stark profitieren. Bekanntere Unternehmen schnitten in der Studie durchweg positiver ab als weniger bekannte Betriebe – sei es hinsichtlich der Frage nach der Unternehmenskultur, der Fairness sowie der Ehrlichkeit bzw. Glaubwürdigkeit oder auch der Attraktivität und Bevorzugung bei Bewerbungsabsichten – bekannte Konzerne erhielten stets den Vorzug. (vgl. Brooks, Highhouse, Russell & Mohr, 2003) Heutzutage spielen zudem sog. Bewerber-plattformen und Bewertungsportale (z. B. kanunu) eine maßgebliche Rolle hinsichtlich des Arbeitgeberimages. Allerdings beeinflussen diese vorwiegend die Außendarstellung des Arbeitgebers und sind infolgedessen eher bei der Rekrutierung als beim Retention Management beachtenswert. Da der Einfluss auf die zu untersuchenden Zielfaktoren als vernachlässigbar angesehen werden kann, wird an dieser Stelle auf eine nähere Betrachtung verzichtet.

6.3 Personalmarketing

Das Personalmarketing ist ein personalwirtschaftlicher Ansatz des klassischen Absatzmarketings. Dabei werden Marketingmethoden und -maßnahmen für Problemstellungen des Personalmanagements eingesetzt: *„Das Personalmarketing nutzt sämtliche Bemühungen, Strategien und Instrumente aus dem Absatzmarketing für Produkte und*

[21] Untersuchung an Studierenden, welchen Einfluss die Bekanntheit von Unternehmen auf deren Image hat.

Dienstleistungen für das Personalmanagement, insbesondere für die Personalbeschaffung und -akquisition" (Struntz, 2004, S. 1593). Wie beim klassischen Marketing bezieht sich auch der Leitgedanke des Personalmarketings auf die „Kunden", wobei es sich bei diesen Kunden um die vorhandenen und potentiellen Mitarbeiter eines Unternehmens handelt. Der Marketinggedanke im Personalwesen entsprang vor allem in den 80er Jahren auf die Reaktion verschiedener wirtschaftlicher Entwicklungen, welche teilweise auch auf die heutige Situation zutreffen:

- „Mangel an geeigneten Fach- und Führungskräften.
- Sinkende Geburtenquote mit Verschiebung der Alterspyramide.
- Einseitige Studien- und Berufswahlentscheidungen der Schulabgänger zu Lasten technischer und handwerklicher Berufe.
- Höhere Qualifikations- und Motivationsanforderungen moderner Arbeitsplätze.
- Suche nach neuer Balance zwischen beruflichen und betrieblichen Anforderungen einerseits und persönlichen Lebensentwürfen andererseits.
- Positive Erfahrungen von Unternehmen mit Personalmarketing". (Dincher, 2014, S. 159)

Auch heutzutage wird das Personalmanagement von technischen und wirtschaftlichen Rahmenbedingungen gesteuert. Vor allem die Digitalisierung hat bereits erheblichen Einfluss auf das Personalmarketing genommen. Gerade im Recruiting werden IT-Instrumente, Social Media, Jobportale oder Webseiten immer wichtiger. (vgl. Olesch, 2016, S. 84) Häufig wird das Personalmarketing mit dem Employer Branding gleichgesetzt oder andersherum, allerdings lassen sich diese beiden Strategien voneinander abgrenzen. Kanning betrachtet das Personalmarketing lediglich als Prozess der Anwerbung geeigneter und Abschreckung ungeeigneter Kandidaten für ein Auswahlverfahren und sieht das Employer Branding als „eine Klammer zwischen dem Personalmarketing auf der einen und den Bemühungen der Mitarbeiterbindung auf der anderen Seite" (Kanning, 2017, S. 3). Bei dieser äußerst konservativen Betrachtungsweise könnte man prinzipiell die Begriffe Personalmarketing und Personalbeschaffung gleichsetzen. Kanning vernachlässigt die Unterscheidung des Personalmarketings in ein sowohl internes als auch externes Personalmarketing. Denn das Personalmarketing hat vor allem die Funktion der „Vermarktung" von betrieblichen Arbeitsplätzen und damit das Ziel eine „langfristige Versorgung des Unternehmens mit Personal sicherzustellen" (Dincher, 2014, S. 160). Dazu gehört zwar vor allem die Optimierung von Personalbeschaffungsmaßnahmen (externes Personalmarketing), aber eben auch Maßnahmen, die auf vorhandene Mitarbeiter gerichtet sind (internes Personalmarketing). (ebd.) Das heißt, die Abgrenzung zum Employer Branding besteht eher darin, dass das Personalmarketing eher kurz- bis mittelfristig angelegt ist. Das Employer Branding liegt auf einer sehr strategischen Ebene und besitzt eine langfristige Ausrichtung zum Aufbau einer Arbeitgebermarke. So könnte das Personalmarketing gewissermaßen auch als „ausführendes Organ" des Employer Brandings gesehen werden. (Haufe Online Redaktion) Lippold definiert den Begriff in dem Sinne, wie er auch hier in der Folge zu betrachten ist:

„Personalmarketing ist ein umfassendes Denk- und Handlungskonzept, das auf die Bedürfnisse potentieller und vorhandener Mitarbeiter ausgerichtet ist. Ziel dabei ist, zum einen durch eine entsprechende Attraktivitätswirkung auf dem externen Arbeitsmarkt bedarfsgerechte Mitarbeiter zu gewinnen und zum anderen durch mitarbeitergerechte und effiziente Gestaltung der Arbeitsbedingungen wertvolle Ressourcen an das Unternehmen zu binden und damit die personale Wertschöpfung zu optimieren" (Lippold, 2015, S. 7)

Zur Beurteilung, inwiefern das Personalmarketing auch in der heutigen und zukünftigen Situation ein geeignetes „Denk- und Handlungskonzept" zur Unterstützung einer nachhaltigen Unternehmensentwicklung hinsichtlich der definierten Zielfaktoren darstellt, soll anhand der Bewertung der übrigen Maßnahmen abgeschätzt werden. Denn durch die Tatsache, dass in dieser Untersuchung besonders dem internen Personalmarketing Beachtung geschenkt werden muss, würde man den Großteil der weiteren Maßnahmen damit doppelt betrachten. Instrumente des internen Personalmarketings beinhalten das Schaffen einer Unternehmenskultur, eines guten Arbeitsumfelds oder Mitarbeiterentwicklungsangebote und weitere Maßnahmen, welche die Attraktivität des Arbeitgebers und der Arbeitsstelle steigern. (vgl. Kirchgeorg & Müller, 2013,

S. 85 f.) Auch bei der Kommunikationsumsetzung kann man auf die vorherige Bewertung des Employer Brandings verweisen, um Umsetzung und Problempunkte bewerten zu können.

6.4 Flexible Arbeitszeiten, Homeoffice – Work-Life-Balance

6.4.1 Beschreibung

Der Begriff der *Arbeitszeitflexibilität* wird in der Literatur und Unternehmenspraxis äußerst heterogen definiert. Auf der einen Seite ist die individuumsbezogene Variante, bei der die Arbeitnehmer den zeitlichen Rahmen ihrer Arbeitszeit teilweise selbst mitgestalten dürfen. Andererseits hat der Begriff auch eine betriebsbezogene Bedeutung, wobei der Arbeitgeber über eine „variable zeitliche Verfügung“ seiner Beschäftigten disponiert (z. B. Bereitschaftsdienst, Rufbereitschaft oder kapazitäts-orientierter Dienst). Diese zweite Art der Arbeitszeitflexibilität besitzt häufig eine unvorhersehbare Variabilität für den Arbeitnehmer und zieht häufig ein verstärktes Stressaufkommen sowie eine erhöhte Burnout-Symptomatik bei betroffenen Arbeitnehmern nach sich. (vgl. Amlinger-Chatterjee & Wöhrmann, 2017, S. 39) Somit ist ein Einsatz dieser Form der Flexibilität kein mögliches Instrument, um die Zielstellung der vorliegenden Arbeit positiv zu beeinflussen. In der Folge wird dementsprechend einzig die Form der flexiblen Arbeitszeiten berücksichtigt, bei denen Mitarbeiter Mitgestaltungs- bzw. Einflussmöglichkeiten auf ihre Arbeitszeiten haben (individuumsbezogene Arbeitszeitflexibilität). Beispiele für derartige Arbeitsmodelle, die der eigenen individuellen Arbeitszeitgestaltung durch die Mitarbeiter dienen, sind unter anderem „Gleitzeit, Teilzeitarbeit, Job-Sharing, Homeoffice bzw. Telearbeit, Lebensarbeitszeitkonten, Vertrauensarbeitszeit oder bezahlte und unbezahlte Auszeiten (Sabaticals)“ (Wolf, 2016, S. 302). Diese Instrumente bzw. Arbeitszeitmodelle werden meist dem Bereich der Work-Life-Balance bzw. der Work-Family-Balance zugeschrieben. (vgl. Zapf, 2016, S. 33) Häufig Anwendung in der Praxis findet die zuvor erwähnte gleitende Arbeitszeit bzw. Gleitzeit. Hier wird in vielen Fällen eine sog. Kernarbeitszeit vorgegeben, um so Projekte und Einzelaufgaben trotz flexiblen Arbeitszeiten weiterhin problemlos koordinieren zu können, die Rahmenarbeitszeit kann der Mitarbeiter dann jedoch frei festlegen. Meist tritt ein solches Arbeitszeitmodell in Kombination mit einem Arbeitszeitkonto oder auch Zeitwertkonten auf, wodurch Zeitguthaben und Zeitschuld festgehalten werden können. (vgl. Pilz, 2017, S. 120 f.) Ein weiteres, immer häufiger anzutreffendes Modell ist die sog. Vertrauensarbeitszeit, wobei der Arbeitgeber die Verteilung der Arbeitszeit dem Beschäftigten – „unter Berücksichtigung der betrieblichen Belange“ – überlässt. So ist hier das Arbeitsergebnis ausschlaggebend und nicht die Arbeitszeit, welche u. U. auch außerhalb des Unternehmens (z. B. per Homeoffice) stattfinden kann. Eine Vertrauensarbeitszeitregelung sieht somit grundsätzlich eine Zielvereinbarungsverknüpfung vor. (vgl. Stowasser & Jaeger, 2016, S. 23)

6.4.2 Zweck/ Nutzen

Flexible Arbeitszeitmodelle bieten Arbeitnehmern die Möglichkeit, ihre Aufgaben hinsichtlich der zeitlichen Dauer, Verteilung und teilweise sogar den Arbeitsort (z. B. beim Homeoffice) variabel zu gestalten. (vgl. Wolf, 2016, S. 301) Somit steigt, wie der Name der Arbeitszeitmodelle schon sagt, auch die Flexibilität der einzelnen Beschäftigten. Um den Nutzen von flexiblen Arbeitszeiten aufzuzeigen, ist eine generationsübergreifende Betrachtung bzw. eine Betrachtung jeweiliger Lebens- und Berufsphasen von Bedeutung. Denn je nach Alter und Lebensphase verändern sich die Bedürfnisse der Menschen und damit die Präferenz zu jeweiligen Arbeitszeitmodellen. Gelingt es Unternehmen, die individuellen Bedürfnisse ihrer Mitarbeiter mit passenden Modellen zu befriedigen, kann dadurch die Arbeitsplatzzufriedenheit und Fähigkeit zur Arbeitsbewältigung gesteigert werden. (vgl. Rimser, 2014, S. 33) Hellert geht sogar so weit, dass ihrer Ansicht nach nur „Unternehmen, die innovative Rahmenbedingungen für lebensphasenorientiertes Arbeiten ermöglichen“, langfristig zukunfts- und wettbewerbsfähig bleiben können. (Hellert, 2014, S. 20)

Eine variable Arbeits-(Zeit-)Gestaltung erleichtert nicht zuletzt eine Vereinbarkeit von Beruf und Familie, da sich Arbeitszeiten mit Öffnungszeiten von Kinderbetreuungseinrichtungen oder Schulen besser abgleichen lassen und andere familiäre Aufgaben, wie das Betreuen kranker Kinder oder pflegebedürftiger Angehöriger, besser umgesetzt werden können. Solch flexible Regelungen können ggf. die aufkommende Belastung am Arbeitsplatz und im Privatbereich reduzieren, wodurch ein geringeres Stressaufkommen die Folge ist. (vgl. Hill, Hawkins, Ferris & Weitzmann, 2001, S. 49 f.) Dementsprechend soll in der Folge ein möglicher Zusammenhang zwischen flexibleren Strukturen und einer Verbesserung der Gesundheit bzw. des Wohlbefindens von Beschäftigten überprüft werden.

6.4.3 Aufwand und Voraussetzung zur Umsetzung

Flexible Arbeitszeitmodelle sind lediglich unter der Prämisse denkbar, dass eine jeweilige Arbeitsstelle eine bestimmte zeitliche Flexibilität überhaupt zulässt. Bei vielen Berufen oder Arbeitsstellen ist eine individuell gestaltbare Arbeitszeit äußerst schwierig zu realisieren. Beispielsweise muss ein Lehrer seine festgelegten Unterrichtszeiten einhalten oder ein Produktionsmitarbeiter seinen Schichtplan, da ohne eine zuverlässige Termineinhaltung keine notwendige Planungssicherheit gegeben wäre und folglich auch kein problemloser Betriebsablauf garantiert werden könnte. Hier müssen zeitliche Arbeitszeitänderungen frühzeitig abgesprochen werden, da nur eine äußerst eingeschränkte Flexibilität besteht. (vgl. Stowasser & Jaeger, 2016, S. 22) Für eine Realisierung von Vertrauensarbeitszeit muss auch an anderen Arbeitsstellen darauf geachtet werden, ob beispielsweise keine Notwendigkeit zur permanenten Zusammenarbeit zwischen einzelnen Beschäftigten besteht. Zudem müssen Arbeitsgesetze und Tarifvereinbarungen eingehalten werden. Die Arbeitgeber haben z. B. auch bei Vertrauensarbeitszeit die Pflicht dafür zu sorgen, dass arbeitsrechtliche Regelungen eingehalten werden, wie z. B. das nicht überschreiten der täglichen Höchstarbeitszeit. (ebd., S. 23)

6.4.4 Bewertung

In der Studie *JobTrends 2017* des Staufenbiel Instituts und von Kienbaum wurden 297 Unternehmen nach der aktuellen Situation für Berufseinsteiger befragt[22]. Hierbei liegen die flexiblen Arbeitszeiten mit 91% auf dem vordersten Platz der von den befragten Unternehmen bereits angebotenen Top-Benefits im Arbeitsleben, mit

[22] Mehrfachnennungen waren bei allen genannten Fragen erlaubt.

welchen Berufseinsteiger überzeugt und Mitarbeiter gebunden werden sollen. Auch das Homeoffice-Modell ist bei 73% der Befragten ein mögliches, angewandtes Instrument und belegt damit den dritten Platz im Ranking. Unter den Formen der flexiblen Arbeitszeiten ist ein starker Anstieg an Vertrauensarbeitszeit zu verzeichnen, bei 71% der Unternehmen wird dieses Modell bereits (in unbekanntem Ausmaß) betrieben. Aber auch die Ermöglichung eines Sabbaticals (39%) oder ein Jahres-Arbeitskonto (37%) wird bereits angeboten. Die verbreitetste Anwendungsform des Homeoffice ist, dass Mitarbeiter nach Absprache von zu Hause arbeiten können (85% der Unternehmen, die Homeoffice anbieten). Lediglich 32% der Befragten geben an, dass Mitarbeiter regelmäßig von zu Hause arbeiten, immerhin ein Viertel der Unternehmen sagen aus, dass sie einigen Mitarbeitern freilassen, jederzeit von zu Hause arbeiten zu können. (vgl. Staufenbiel Institut & Kienbaum, 2017, S. 37 ff.)

In dieser aktuellen Studie entsteht bereits der Eindruck, dass Unternehmen flexible Arbeitszeiten als wichtiges Instrument sehen, um attraktiver auf dem Arbeitgebermarkt zu erscheinen und um Mitarbeiter stärker zu binden. Sinnvoll erscheint diese Ansicht, blickt man auf eine weitere Kienbaum-Studie, die nun aus dem Blickwinkel potenzieller Arbeitnehmer erhoben wurde. Ende 2015 wurden Studienabsolventen[23], als Repräsentanten der Generation Y[24] nach ihren Präferenzpunkten bei der Arbeitgeberwahl befragt. Dabei belegte die Work-Life-Balance, der auch flexible Arbeitszeiten mit zuzuordnen sind, den zweiten Platz mit 57,2% der Befragten (N=313). Nur eine kollegiale Atmosphäre erschien den Befragten noch wichtiger (59,1%). Die Höhe des Gehalts landete vergleichsweise nur auf dem fünften Rang (48,2%). Bei der separierten Betrachtung der geschlechterspezifischen Präferenzen wiesen die Antworten in den meisten Punkten deutliche Unterschiede auf, im Punkt der Work-Life-Balance hingegen kam es bei der Gewichtung nur zu einem leichten Plus bei den Frauen (59%) im Gegensatz zu den Männern (56%). (vgl. Kienbaum, 2016) Etwas deutlicher fiel der Unterschied bei der aktuellen Absolventenstudie aus, bei der die Datenerhebung Ende 2016 stattfand. Für 63,9% der Absolventinnen und 47,9% der

[23] Vorwiegend Master- (59%) und Bachelorabsolventen (33%)
[24] Vgl. Kapitel 4.2.4

Absolventen zählt die Work-Life-Balance zu einer wichtigen Arbeitgebereigenschaft (N = 270[25]). Insgesamt landet die Work-Life-Balance wie im vorherigen Jahr auf dem zweiten Rang (58,5%) hinter der kollegialen Atmosphäre (62,2%), wenn es um ausschlaggebende Kriterien zur Wahl des Arbeitgebers geht. (vgl. Kienbaum, 2017)

Generationsspezifische Präferenzen sollten durch die Studie „Best Practices zur Mitarbeitergewinnung und -bindung Hochqualifizierter“ aufgedeckt werden. Hierfür wurden rund 400 Personalverantwortliche, Führungskräfte und Mitglieder der Geschäftsleitung verschiedener Branchen befragt. Die Bewertungsskala für die untersuchten Maßnahmen beschränkte sich auf die Werte zwischen 1 (höchste Relevanz) und 3 (niedrigste Relevanz) und die Altersgruppen wurden in Generation Y (18–30 Jahre), Generation X (31–50 Jahre) und Baby Boomer (51–65 Jahre) aufgeteilt. Das Angebot flexibler Arbeitszeiten wird dabei in allen Altersgruppen vergleichsweise hoch gewichtet. Allerdings sticht der Wert der Generation X (Relevanz = 1,32) besonders ins Auge, da neben den flexiblen Arbeitszeiten, die bei Generation Y mit 1,52 und bei der Baby Boomer Generation mit 1,77 gewichtet wurden, auch andere Maßnahmen, welche eine Flexibilisierung im Arbeitsalltag und damit eine bessere Vereinbarung von Beruf und Familie generieren, stärkere Relevanz erfahren, als es in den beiden anderen Altersgruppen der Fall ist. So lässt sich dieser Studie entnehmen, dass flexible Arbeitszeiten aus Sicht der Befragten bereits altersunabhängig eine hohe Relevanz aufweisen, am stärksten jedoch in der Altersgruppe zwischen 31 und 50 Jahren. In dieser Generation wiesen die Skalenwerte der Maßnahmen zur Vereinbarung von Beruf und Privatleben durchweg die höchste Gewichtung auf. (vgl. Gerpott, Hackl & Schirach, 2013)

In Anlehnung an diese Studie untersuchte Hackl und Gerpott besagte Relevanzpräferenzen anschließend auch aus Sicht der Arbeitnehmer. Die Einschätzungen der Personaler deckte sich in den Fragen der Kategorie Vereinbarkeit von Beruf und Familie (u. a. flexible Arbeitszeiten) weitestgehend mit den Umfragewerten der Arbeitnehmer. Auffällig war allerdings, dass Vergütungsaspekte nach Aussagen der

[25] 57% Masterabsolventen und 39% Bachelorabsolventen

Arbeitnehmer eine wesentlich geringere Rolle spielen, als es in der vorherigen Studie von den Personalern vermutet wurde. (vgl. Hackl & Gerpott, 2015, S. 78 f.)

Einen bedeutenden Teil zur Bewertung und Auswirkung flexibler Arbeitszeiten liefert die von der *Bundesanstalt für Arbeitsschutz und Arbeitsmedizin*[26] (BAuA) durchgeführten Studie „Arbeitsreport Deutschland 2016". Datenbasis für den besagten Report liefert eine willkürliche, telefonische Befragung von 20.030[27] Erwerbstätigen in Deutschland, die 2015 von der Forschungseinrichtung durchgeführt wurde. (vgl. Wöhrmann et al., 2016, S. 17 ff.) Berücksichtigt werden hierbei die Auswirkungen der Arbeitszeitflexibilisierungen auf die Arbeitszufriedenheit sowie die Realisierbarkeit der Work-Life-Balance als auch die physischen und psychischen gesundheitlichen Konsequenzen im Vergleich zu weniger flexiblen bzw. starren Arbeitszeiten. In der Studie gaben knapp die Hälfte der Befragten an, in einem größtenteils starren Arbeitszeitmodell zu arbeiten. Die Definition eines solchen Modells besagt, dass eine Abhängigkeit „hinsichtlich der Einheitlichkeit und Gleichförmigkeit ihrer täglichen Arbeitsdauer sowie der betrieblich festgelegten Anfangs- und Endzeiten ihrer Arbeit" besteht. (ebd., S.53)

Am verbreitetsten unter der Arbeitszeitflexibilisierung ist die Gleitzeitregelung, wodurch Arbeitnehmer ihre tägliche Arbeitszeit selbst mitgestalten können. Somit wurde hierbei auch ein Schwerpunkt bei der Befragung gelegt. 9% der Beschäftigten hat lt. Umfrage eine Homeoffice-Möglichkeit mit ihrem Unternehmen vereinbart. Der größte Teil der besagten Gruppe arbeitet höchstens 2 Tage bis weniger als einmal die Woche im Homeoffice, nur rund ein Viertel arbeitet häufiger als 2 Tage pro Woche im Homeoffice. (ebd., S. 53)

Bei der Befragung (N = 18.055, siehe Abb. 6.2) wurde eine Bewertungsskala von 1 (sehr wenig Einfluss) bis 5 (sehr hoher Einfluss) als Maßstab der individuellen Arbeitszeitgestaltung vorgegeben. Daraus wurden drei Gruppierungen gebildet mit

[26] Die BAuA ist eine Ressortforschungseinrichtung des Bundesministeriums für Arbeit und Soziales.

[27] Die für die vorliegende Bewertung relevante Gruppe (d.h. ausgenommen der selbstständigen Erwerbstätigen) umfasst eine Stichprobengröße von 18.119 Personen.

wenig[28] Einfluss auf Arbeitsbeginn und -ende (45%), mittleren[29] (17%) sowie großem[30] Einfluss (38%). Analysiert man die Angabenverteilung der Beschäftigten zu Zufriedenheits- und Gesundheitsaspekten, so ist eine Korrelation zwischen diesen und des Arbeitszeitflexibilisierungsgrades erkennbar.

Bei zunehmendem Einfluss auf die Selbstbestimmung der eigenen Arbeitszeiten steigt auch die prozentuale Anzahl der Arbeitszufriedenheit leicht an. (siehe Abb. 6.3) Noch stärker kommt diese Tendenz bei der Frage nach der Zufriedenheit mit der Work-Life-Balance zu tragen: Hierbei gaben 71% der Gruppe mit wenig Einfluss auf ihre Arbeitszeiten an, zufrieden mit der Vereinbarkeit von Beruf und Freizeit zu sein, von denjenigen mit großem Einfluss waren es hingegen 84%. (ebd.) In Bezug auf die Arbeitsintensität gaben 37% der Beschäftigten mit flexibler Arbeitszeitgestaltung an, einen häufigen Termin- und Leistungsdruck zu haben, 31% dieser Gruppe fühle sich teilweise durch die Arbeitsmenge überfordert. Bei den Beschäftigten mit starren Arbeitszeitmodellen waren diese Angaben noch ein Stück weit höher: 47% seien oftmals einem Termin- und Leistungsdruck ausgesetzt und mehr als die Hälfte (52%) sei gelegentlich durch die Arbeitsmenge überfordert.

Dementsprechend korrelieren auch die Angaben der befragten Gruppen zu deren Gesundheitszuständen. (vgl. Abb. 6.4) In der Fraktion mit flexiblen Arbeitszeiten schätzten 68% ihren allgemeinen Gesundheitszustand gut bis sehr gut ein. In der Gruppe mit starren Arbeitszeiten lag dieser Wert 10% niedriger. Ähnlich verlaufen die Angaben zu den spezifischen Gesundheitsbeschwerden. Sowohl physische Beschwerden, wie körperliche Erschöpfung, Rücken- und Kreuzschmerzen, als auch psychische Beschwerden, wie Niedergeschlagenheit, aber auch Müdigkeit, Erschöpfung und Schlafstörungen treten lt. Angaben in der Gruppe mit wenig Selbstbestimmung der Arbeitszeiten durchschnittlich 10% häufiger auf, als bei Beschäftigten mit flexiblen Arbeitszeiten. (ebd.)

[28] Skalenangabe 1 oder 2
[29] Skalenangabe 3
[30] Skalenangabe 4 oder 5

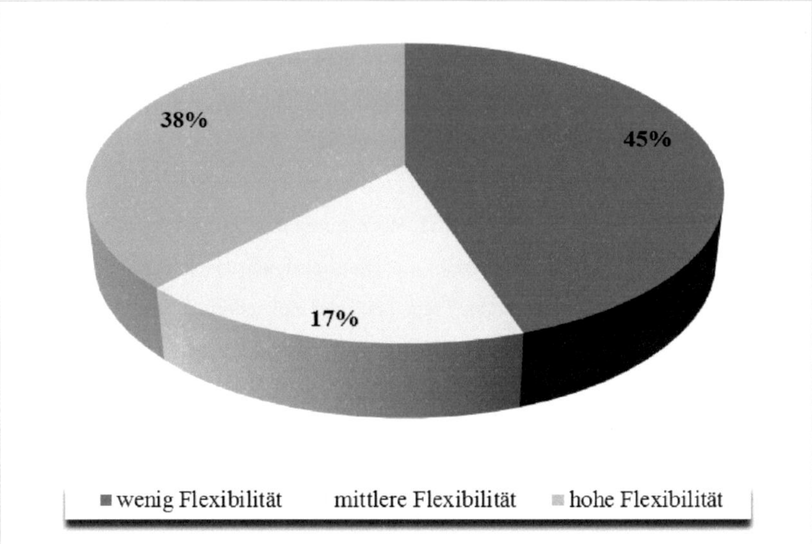

Abbildung 6.2 – Flexibilität bei der Arbeitszeitgestaltung

Quelle: eigene Darstellung der Daten aus (Wöhrmann et al., 2016, S. 170)

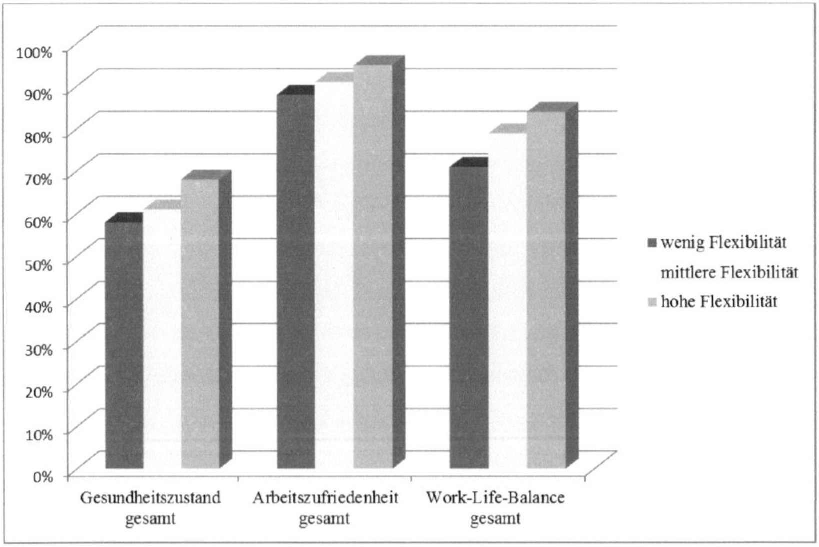

Abbildung 6.3 – Befinden zwischen unterschiedlichen Flexibilitätsgraden

Quelle: eigene Darstellung der Daten aus (Wöhrmann et al., 2016, S. 171)

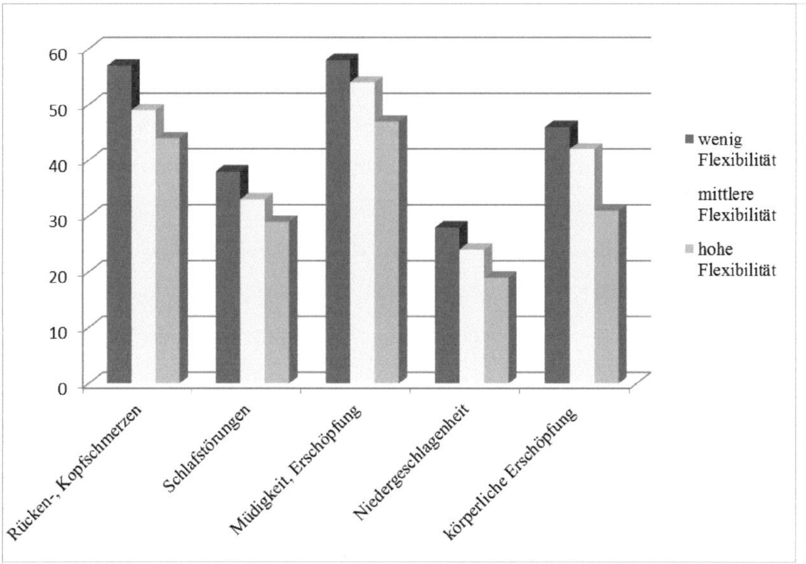

Abbildung 6.4 – Gesundheitliche Beschwerden bei verschiedenen Flexibilitätsausprägungen

Quelle: eigene Darstellung der Daten aus (Wöhrmann et al., 2016, S. 171)

Vollständigkeitshalber muss erwähnt werden, dass lt. Studie hoch qualifizierte Beschäftigte (51%[31]) höhere zeitliche Handlungsspielräume als Mitarbeiter mit mittlerem (31%) und niedrigem (23%) Bildungsniveau haben. Zudem haben Beschäftigte in größeren Unternehmen meist höhere Handlungsspielräume hinsichtlich ihrer Arbeitszeitgestaltung, als es in kleineren Betrieben der Fall ist. (vgl. Wöhrmann et al., 2016, S. 65) Möglicherweise müssen diese Sachverhalte ebenfalls bei der Bewertung der Zufriedenheits- sowie Gesundheitsangaben berücksichtigt werden.

Ähnlich sieht das Angebot von Homeoffice-Möglichkeiten aus: Laut dem *Randstad-ifo-flexindex* ermöglichen etwa 39% der deutschen Unternehmen ihren Mitarbeitern das Arbeiten von zu Hause aus. Dabei spielt die Unternehmensgröße eine entscheidende Rolle: Je größer die Unternehmen, desto relevanter scheint Homeoffice in der Praxis zu sein. Bei Unternehmen mit weniger als 50 Mitarbeitern liegt das Angebot bei

[31] Haben einen hohen Einfluss auf die Arbeitszeitgestaltung.

knapp 29%, mit steigender Unternehmensgröße steigt auch die Möglichkeit des Homeoffice an. Bei Unternehmen, die 500 und mehr Mitarbeiter beschäftigen, liegt das Angebot bei rund 65%. Allerdings bestehe die große Mehrheit aller Unternehmen darauf, dass der Großteil der Arbeit vor Ort, also im Unternehmen bewerkstelligt wird. Bei den Befragten herrschte der Konsens, dass der Anwesenheit der Beschäftigten stets eine hohe Bedeutung zukommt und daher häufige Präsenzphasen unerlässlich seien. 40% der befragten Arbeitnehmer sagen, dass die Digitalisierung dazu führt, dass der persönliche Kontakt zu Kollegen zurückgeht. So könne die Technologie lt. Studie den persönlichen Austausch nicht ersetzen. (vgl. Bauer, Kahlenberg, Köster-Brons, Mezger & Nies, 2017)

Eine Studie von 2017 des IW-Köln zum mobilen Arbeiten überprüft die Unterschiede zwischen stationären und mobilen Computerarbeitern[32]. Insbesondere zu den Themen Durchmischung von Arbeit und Freizeit sowie Auswirkungen auf Zufriedenheit, das Betriebsklima und die Bindung zum Arbeitgeber. Durch eine steigende Flexibilität des Arbeitsortes sowie der Arbeitszeit verschmelzen häufig auch Freizeit und Arbeit: Demnach arbeiten lt. Studie etwa 30% der mobilen Computerarbeiter mehrmals im Monat während ihrer eigentlichen Freizeit. Bei den stationären Mitarbeitern sind es lediglich 6%. Dies spiegelt sich auch in den durchschnittlichen Wochenarbeitszeiten wieder: Nach Auswertung der Angaben, arbeiten mobile Mitarbeiter durchschnittlich rund 4h länger pro Woche. Auch die vom Arbeitsgesetz festgelegten elf Stunden Ruhezeit werden von Beschäftigten, die mobil arbeiten können, mehr als doppelt so häufig unterschritten (26,5%). Eine negative Auswirkung auf die Arbeitszufriedenheit der Beschäftigten habe die Mehrarbeit allerdings nicht: sowohl in der Gruppe der stationären, als auch der mobilen Computerarbeitern gaben über 90% an, im Allgemeinen zufrieden bzw. sehr zufrieden mit der Arbeit zu sein. Das „in Kauf nehmen" der Mehrarbeit, kann auch an dem Gewinn von Handlungsspielräumen und größerer Flexibilisierung bei der Gestaltung ihrer Arbeitszeiten liegen.

[32] Mitarbeiter, die mind. 25 Prozent ihrer Arbeitszeit am PC, Laptop oder Smartphone verbringen.

Die Problematik von sozialer Isolation durch fehlenden persönlichen Kontakt zu Kollegen bei häufigem mobilen Arbeiten wird aktuell häufig diskutiert. In der vorliegenden Studie konnten keine negativen Auswirkungen auf das Betriebsklima oder soziale betriebliche Umfeld ausfindig gemacht werden: Beide Gruppen gaben mit knapp 93% bzw. 94% an, gut mit ihren Kollegen auszukommen. Auch bei Fragen zur Unternehmenskultur und Vorgesetzten gab es keine signifikanten Unterschiede zwischen den beiden Lagern. Ungeklärt bleibt hingegen, ob und wie viele Präsenstage notwendig sind, um das gute Betriebsklima und die Beziehung zu Kollegen dauerhaft entsprechend beizubehalten. (vgl. Hammermann & Stettes, 2017)

Die Flexibilisierung der Arbeitszeiten ist, einer äußerst weitläufigen Studie des Instituts für Arbeitsmarkt- und Berufsforschung (IAB) nach, neben kürzeren Arbeitszeiten das effektivste Instrument, um qualifizierte, rentenberechtigte MA länger im Betrieb halten zu können (N=>9.000) und somit eine wichtige Maßnahme im Hinblick auf den demografischen Wandel. (Czepek, Gürtzgen, Moczall & Weber, 2017)

6.5 Personalentwicklung

6.5.1 Beschreibung

Im Wesentlichen zielt die Personalentwicklung darauf ab, Mitarbeitern aller Hierarchiestufen die Qualifikationen zu vermitteln, die zur Bewältigung gegenwärtiger sowie zukünftiger Anforderungen erforderlich sind. Sie kann damit sowohl mitarbeiter- als auch unternehmensorientiert angesehen werden, da sie sowohl individuelle als auch organisatorische Ziele erfasst. (vgl. Wagner & Rehder, 2017, S. 31) Gerade bei der zunehmenden Komplexität in der Arbeitswelt sowie den technischen Fortschritten, wie der Digitalisierung und weiteren Trends, scheint die Personalentwicklung eine entscheidende Rolle zu spielen, um MA auf die weitreichenden Veränderungen vorzubereiten – aber auch um mit Blick auf den Arbeitsmarkt schwer rekrutierbare Kompetenzen durch die aktive Qualifikation eigener Arbeitskräfte zu kompensieren. (vgl. Hackl & Gerpott, 2015, S. 12 f.)

6.5.2 Zweck/ Nutzen

Den Nutzen kann man in die beiden Ebenen der unternehmerischen Ziele sowie der Mitarbeiterziele unterteilen. Entsprechend sind die häufigsten Motive für den Einsatz von Personalentwicklung der Kompetenzausbau, Steigerung der Leistungsfähigkeit und Produktivität der MA, Steigerung der Innovationsfähigkeit und, der Punkt der für die vorliegende Thematik am wichtigsten erscheint, die Steigerung der Motivation und Arbeitszufriedenheit der MA. (vgl. Weiterbildungserhebung der IW Köln, zitiert nach Öhlschlegel-Haubrock & Haubrock, 2017, S. 16) Im Allgemeinen sind gerade die Maßnahmen in der Personalentwicklung häufig geeignete Instrumente, um wichtige Inhalte und Denkweisen für eine nachhaltige Unternehmensentwicklung an die wesentlichen Träger und Akteure einer solchen Entwicklung zu vermitteln – nämlich an die Mitarbeiter und Führungskräfte innerhalb des Unternehmens. (vgl. Thomaschewski & Völker, 2016, S. 238 ff.)

6.5.3 Aufwand und Voraussetzung zur Umsetzung

Die größten Hemmnisse einer weitläufigen Personalentwicklung sind lt. einer Weiterbildungserhebung der IW Köln ein zu hoher Kostenaufwand, fehlende Zeit Mitarbeiter freizustellen sowie die Tatsache, dass kein konkreter Weiterbildungsbedarf vorliegt. Weitere Gründe seien fehlende interne Kapazitäten, um Weiterbildungen zu planen und zu organisieren sowie fehlende, passende Weiterbildungsangebote. (vgl. Öhlschlegel-Haubrock & Haubrock, 2017, S. 16)

6.5.4 Bewertung

Zunächst soll ein Überblick geschaffen werden, wie verbreitet Personalentwicklungsinstrumente aktuell in deutschen Betrieben sind und – was für die vorliegende Arbeit noch interessanter erscheint – wie Beschäftigte diese Maßnahmen wahrnehmen. Dazu veröffentlichte das Bundesministerium für Arbeit und Soziales (BMAS) 2016 eine weitläufige Studie[33] mit Befragungen von Personalverantwortlichen in 771 Betrieben sowie über 7.000 Beschäftigten innerhalb der Betriebe. Seit 2013 ist dabei ein nicht

[33] Frühere Datenerhebungen aus den Jahren 2012/13 mit Personalverantwortlichen aus 1.219 Betrieben werden zusätzlich als Vergleichswerte genutzt.

unerheblicher Anstieg von Teilnahmen an Weiterbildungskursen zu erkennen (von durchschnittlich 34% auf 42% der Beschäftigten). Allerdings ist dieser Anteil bei Beschäftigten mit höherem Bildungsniveau und vor allem mit Leitungsfunktion noch deutlich höher als bei MA mit niedrigerem Ausbildungslevel. Zudem nehmen ältere Mitarbeiter (> 55 Jahre) erheblich seltener an Weiterbildungen teil als ihre jüngeren Kollegen. Durchschnittlich nehmen Beschäftigte an sieben Weiterbildungstagen jährlich teil, wobei hier eine Korrelation zum Commitment der Arbeitnehmer zu erkennen ist. Beschäftigte, die häufiger Weiterbildungen besuchen, weisen ein spürbar höheres Commitment auf. Möglicherweise ist die höhere Anzahl der Kursbesuche mit einem höheren Interesse am Unternehmen zu erklären. Vielleicht jedoch, um das Ganze von der anderen Seite zu betrachten, empfinden sie, aufgrund der häufig gegebenen Möglichkeiten an Weiterbildungsmaßnahmen teilzunehmen, auch schlichtweg eine höhere Anerkennung von Seiten des Arbeitgebers an ihrer Person – denn letztlich können Weiterbildungen als Investition des Unternehmens in seine Mitarbeiter angesehen werden.

Des Weiteren wurden die Personalverantwortlichen befragt, welche Maßnahmen bei unerfüllten Leistungserwartungen einzelner MA durchgeführt werden. Hierbei setzt nur die Hälfte der Betriebe auf Personalentwicklungsmaßnahmen, ebenso viele erwägen eine Entlassung als Lösung. Mit 84% steht allerdings die offene Diskussion als primäre Maßnahme an vorderster Stelle. Generell scheinen die meisten Unternehmen persönliche Mitarbeitergespräche als wichtiges Instrument zu sehen, um mit Beschäftigten über deren berufliche Weiterentwicklung zu sprechen. 72% der Betriebe gibt an, regelmäßige Mitarbeitergespräche durchzuführen, hingegen gaben lediglich 58% der befragten Beschäftigten an, innerhalb des letzten Jahres an einem solchen Gespräch mit einem Vorgesetzten teilgenommen zu haben. Nichtsdestotrotz weisen Beschäftigte, mit denen regelmäßig Mitarbeitergespräche geführt werden bzw. die regelmäßig eine Leistungsbeurteilung sowie Feedback bekommen, eine wesentlich höhere Arbeitszufriedenheit, größeres Engagement sowie ein höheres Commitment auf. Sie geben zudem an, ein größeres Interesse ihres Arbeitgebers an ihrer persönlichen Weiterentwicklung zu spüren und haben dementsprechend eine höhere Bereitschaft im

Betrieb zu bleiben. Zudem nutzen 64% der Unternehmen schriftlich fixierte Zielvereinbarungen und 44% der Betriebe Entwicklungspläne als Entwicklungsmaßnahmen für ihre Beschäftigte. (vgl. Kampkötter, Laske, Petters, Sliwka & Grunau, 2016)

Auch die Studie „Gebrauchsanweisung fürs lebenslange Lernen“ hat sich der Frage gewidmet, welche Rolle die Personalentwicklung zukünftig – angesichts des steigenden Wandels in der Arbeitswelt – spielen wird. Die erhobenen Daten beinhalten Befragungen von deutschlandweit über 10.000 Beschäftigten aus unterschiedlichen Unternehmensbereichen und -größen. Angesichts der sich ändernden Arbeits-anforderungen ist die große Mehrheit der Befragten der Meinung, es wirke sich negativ auf ihre berufliche Zukunft aus, falls sie sich nicht weiter fortbilden. Diese Ansicht korreliert allerdings mit dem Alter der Befragten. Während bei den jüngeren Befragten[34] der Wert bei weit über 80% liegt, nimmt er bis zu den über 60-Jährigen (65%) stetig ab. (vgl. Graf, Gramß & Heister, 2016, S. 16) Die Studie kam auch zu dem Ergebnis, dass Lernergebnisse und das Durchhaltevermögen stark von der Art der Lernbereitschaft abhängig sind. D.h. bildet sich jemand aus eigenem Interesse und aus Freude weiter, so ist dies erheblich effizienter, als wenn das Lernen aus der Notwendigkeit heraus geschieht. (ebd., S. 25 f.) Jedoch kann der Studie nach, auch rein berufsbedingtes Lernen positiv beeinflusst werden, indem extrinsische Anreize, wie Lob, Anerkennung oder „das Gefühl, als qualifiziert wahrgenommen zu werden“, wirken. Dies gilt vergleichsweise besonders für Frauen sowie jüngere Beschäftigte (ebd., S. 28). Für moderne Lernmethoden, wie z. B. das „Mobile Learning“[35], ist die Frage nach dem Grad der Störungsanfälligkeit sowie die Auswirkung von Unterbrechungen auf den Lernprozess von großer Bedeutung, um die Effizienz solcher Methoden beurteilen zu können. Rund ein Drittel der Befragten räumt ein, eine hohe Störanfälligkeit zu besitzen, zudem lassen sich 25% sehr leicht durch Telefon, Emails oder Kollegen ablenken. Betrachtet man dazu die Tatsache, dass mehr als die Hälfte angibt, nach Störungen nur sehr schwer (24%) bis teilweise schwer (29%) den Einstieg wiederzufinden, lässt sich darin sicherlich eine hohe Beeinträchtigung ausmachen.

[34] Mit einem Alter bis einschließlich 35 Jahre

[35] Auch kurz M-Learning, beschreibt die Möglichkeit des orts- und zeitunabhängigen Lernens von unterwegs.

Jüngere Beschäftigte sind entsprechend der Ergebnisse noch deutlich anfälliger für dargestellte Schwierigkeiten im Vergleich zu ihren älteren Kollegen. (ebd., S. 51 f.)

Zuletzt wurden die Rahmenbedingungen innerhalb der Unternehmen untersucht. Die Führungskräfte schnitten hierbei weniger gut ab: Rund ein Drittel der Befragten gibt an, dass ihnen ihr Vorgesetzter den Rücken frei hält, falls diese sich in Lernphasen befinden und nur etwas mehr als ein Drittel kann dabei gute Unterstützung und Motivation ihres Vorgesetzten genießen. Auch das Angebot an Weiterbildungen sowie die Beratung bei der Auswahl durch die Personalentwicklung fällt eher bescheiden aus: Lediglich 17% befinden das Angebot als vielfältig und die Unterstützung als gut. Insgesamt schnitten die Arbeitgeber in dieser Hinsicht bei jüngeren Mitarbeitern durchweg besser ab als bei der älteren Belegschaft. (vgl. Graf et al., 2016, S. 58 ff.)

6.6 Arbeitsplatzgestaltung und Ergonomie

6.6.1 Beschreibung

Ebenso wie die bisherigen Aspekte der Arbeitswelt sind auch Büros bzw. Arbeitsräumlichkeiten im Umbruch und werden in Literatur und Praxis umfangreich diskutiert. Dabei trifft diese Diskussion nicht allein auf Global Player, wie Google und Facebook, zu, deren kreative Arbeitsplatzgestaltungen in vergangener Zeit bereits für viel Aufmerksamkeit gesorgt haben. Auch in vielen mittelständischen Unternehmen stößt die Thematik der Modernisierungen bisheriger Gestaltungen, welche unter Begriffen wie „Future Workplace & Office“ oder „Office 4.0“ in Erscheinung tritt, auf große Beachtung. Dadurch solle auf zukünftige Arbeitsformen, Trends und Rahmenbedingungen bestmöglich eingegangen werden. Viele gegenwärtigen Bürokonfigurationen erfüllen die Anforderungen hinsichtlich zunehmender Flexibilisierung, Digitalisierung und einer von Wissensarbeit geprägten Arbeitswelt nicht ausreichend gut. (vgl. Klaffke, 2016) Allerdings gibt es keine Patentvorlage für das eine richtige Konzept – vielmehr muss ein Arbeitsplatz für eine jeweilige Organisation, den Arbeitsaufgaben und der Unternehmenskultur entsprechend möglichst optimal konfiguriert werden.

Häufig beschränken sich Unternehmen bei der Neugestaltung von Büros noch primär darauf, durch Reduzierung des Flächenbedarfs die Betriebs-, Energie- und Wartungskosten zu senken (z. B. durch Desk-Sharing[36]). Zwar macht eine Reduzierung teilweise Sinn, da sich durch mobil-flexible Arbeitsmöglichkeiten auch die Auslastung der festen Arbeitsräumlichkeiten fortschreitend reduziert. Allerdings warnen Experten davor, die Bürowelt nicht allein als Aufwandstreiber zu betrachten und Flächenoptimierungen allein aus Gründen kurzzeitiger Kostenreduzierung durchzuführen. Vielmehr sollte der Büroraum als Wertschöpfungsfaktor gesehen und genutzt werden. Sogenannte Workplace-Strategien können als wesentlicher Teil der Personalstrategie betrachtet werden. (vgl. Klaffke, 2016, S. 3) Ob die Gestaltung des Arbeitsplatzes auch ausschlaggebend für eine nachhaltige Unternehmensentwicklung im zuvor definierten Sinne ist, soll nun dementsprechend analysiert werden.

6.6.2 Zweck/ Nutzen

Eine Anpassung bisheriger Strukturen zu zukunftsfähigen Arbeitsplätzen kann lt. Experten dazu verhelfen „Agilität und Effizienz der Organisation zu erhöhen, Innovationskraft, Engagement und Wohlbefinden der Beschäftigten zu fördern sowie Unternehmensreputation und Arbeitgeber-Image zu steigern“ (Klaffke, 2016). Auch angesichts des Wertewandels innerhalb der Gesellschaft (vgl. Kap. 4.2.4) kann ein Unternehmen beispielsweise auf Verhaltens- sowie Arbeitspräferenzen verschiedener Generationen stärker eingehen, wenn die Arbeitsort- (und -zeit) -gestaltung flexibilisiert wird. Die Arbeitsplatzgestaltung wird zukünftig den Anspruch haben, das individuelle Wohlempfinden und die körperliche und mentale Gesundheit der Arbeitnehmer nachhaltig sicherzustellen.

6.6.3 Aufwand und Voraussetzung zur Umsetzung

Einzuhalten sind stets bestimmte (gesetzliche) Anforderungen an die Arbeitsstätten, um die Sicherheit und den Gesundheitsschutz am Arbeitsplatz zu wahren. Eingehalten werden müssen z. B. technische Regelungen, wie die Flächengröße und -höhe

[36] Innerhalb einer Organisationseinheit existieren weniger Arbeitsplätze als Mitarbeiter, Schreibtische werden somit unter mehreren MA aufgeteilt bzw. zwischen MA gewechselt.

bestimmter Arbeitsräume[37] sowie ergonomische Gesichtspunkte (wie z. B. Licht- und Lärmverhältnisse), Arbeitsplatzsicherheit (z. B. Fluchtwege) oder auch die Bereitstellung bestimmter Räumlichkeiten (z. B. Sanitäranlagen, Pausenräume). (vgl. Bundesrepublik Deutschland / BMAS, 2004) Im Mittelpunkt einer Arbeitsplatz-konfiguration muss immer der Mensch stehen. So sollte sich die Wahl der geeigneten Arbeitsplatzgestaltung vor allem an den Bedürfnissen und Potenzialen der Belegschaft orientieren, um eine nachhaltige Zukunftsfähigkeit des Unternehmens zu erreichen. (vgl. Amstutz & Schwehr, 2015, S. 15) Jedoch muss sich jedes Unternehmen selbst die Frage stellen, wie weit die Flexibilisierung des Arbeitsplatzes reichen soll, denn Prognosen für die Zukunft sind schwierig zu tätigen, wodurch auch zukünftige Bedürfnisse und Notwendigkeiten nur rudimentär abgeschätzt werden können. (ebd., S.22)

6.6.4 Bewertung

Die IBA[38]-Studien setzen sich mit der Thematik der Büroarbeit und Arbeitsumgebung auseinander. Die zuletzt veröffentlichte *IBA-Studie 2017* versucht zu analysieren, welche Aspekte der Arbeitsumgebung den größten Einfluss auf das Wohlbefinden der Beschäftigten haben. Die repräsentative Datenerhebung wurde von der *forsa Gesellschaft* mit 1.013 Beschäftigtenbefragungen Anfang Juli 2017 durchgeführt. 78%, also rund Vier Fünftel der Befragten, sind sich sicher, dass die Arbeitsplatz-gestaltung ihre Produktivität direkt beeinflusst. Nur 1% der Befragten glaubt eher nicht daran. Ebenfalls 78% der Teilnehmer gab an, im Großen und Ganzen mit der Arbeitsplatzgestaltung zufrieden zu sein, wunschlos glücklich waren allerdings nur 19%, welche in die 78% der zufriedenen Arbeitnehmer mit einberechnet wurden. 22% der Arbeitnehmer gaben an, wenig bzw. überhaupt nicht zufrieden zu sein. Auffällig bei dieser Fragestellung war, dass die Einschätzung über die Altersgruppen hinweg relativ stabil verteilt war, allerdings korrelierte die Zufriedenheit mit der Bürogröße (Anzahl an Personen), in denen die Befragten arbeiten. Je mehr Arbeitsplätze ein Büro besaß, desto eher empfindet der Nutzer Unzufriedenheit. Dies könnte mit den Ergebnissen der wichtigsten einzelnen Gestaltungsfaktoren zusammenhängen.

---

[37] Orientiert sich an der Personenanzahl, die jeweilige Räume nutzt. (vgl. Bundesrepublik Deutschland / BMAS, 2004)

[38] Industrieverband Büro und Arbeitswelt

Die größte Diskrepanz zwischen Wunsch und Wirklichkeit liegt auf dem Geräuschpegel bzw. Möglichkeit, konzentriert arbeiten zu können. 89% geben an, dass ihnen ein niedriger Geräuschpegel wichtig sei, nur bei 59% sei dieser allerdings auch gegeben. Ebenso sehen 81% der Befragten Rückzugsbereiche zum konzentrierten Arbeiten als wichtig an, nur bei 43% sei diese Möglichkeit auch gegeben. Die meisten Arbeitnehmer gaben vor allem bei ergonomischen Faktoren, wie bequeme Bürostühle, angenehme Temperatur oder viel Tageslicht, an, dass diese sehr wichtig für sie seien. Zudem gaben ganze 93% an, eine hochwertige technische Ausstattung sei für sie ein wichtiger Faktor bei der Arbeitsplatzgestaltung.

Um einen Überblick über den momentanen Wandel zu bekommen, wurden die Teilnehmer zu Anpassungen bei ihrem Arbeitgeber befragt. 36% gaben an, dass sich die Ausstattung und Einrichtung an ihren Büroarbeitsplätzen in den letzten 5 Jahren verändert hat. 74% der Befragten freuen sich über solche Veränderungen, nur 9% empfinden diese als negativ. Zudem zeigt sich, dass Mitarbeiter eher selten Einfluss auf die Mitgestaltung der Arbeitsumgebung haben. 31% gaben an, Einfluss auf die Auswahl der technischen Ausstattung zu haben, 16% auf die Einrichtung und Gestaltung der Besprechungsräume, 15% auf die der Pausenbereiche und immerhin 36% der Befragten hätten Einfluss bei der Wahl ihres Bürostuhls. Bei den Gestaltungswünschen der Arbeitsumgebung waren 73% der Meinung, diese müsse praktisch und funktional sein. 40% fänden eine moderne und 32% eine gemütliche Einrichtung gut, vor allem die jüngere Altersgruppe zwischen den 18 bis 34-Jährigen könnte sich dafür deutlich stärker begeistern (49% und 41%) als die älteren Befragten (36% und < 30%). Eine edle Bürogestaltung könnte lediglich 5% begeistern. (vgl. Industrie Büro und Arbeitswelt e.V., 2017)

Eine Studie des Fraunhofer-Instituts für Arbeitswirtschaft und Organisation IAO (2014) untersucht die Frage, wie sich verschiedene Arbeitsumgebungen, welche aus der zukünftigen Arbeitsweltflexibilisierung resultieren, auf das Wohlbefinden, die Motivation und Leistungsfähigkeit der Beschäftigten auswirken. 42% der Studienteilnehmer gaben an, überwiegend selbst entscheiden zu können, an welchem Ort sie arbeiten

(N = 1.018). Zusammen mit den Angaben über zeitliche Autonomie (55%, N = 1.093) sowie Autonomie in der Arbeitsweise (82%, N = 1.093) wurde ein Autonomie-Index erstellt. Mit diesem wurde untersucht, welchen Einfluss die Autonomie auf andere Bereiche in Arbeits- und Privatleben hat. Das Ergebnis der Untersuchung zeigte signifikante Zusammenhänge: Beschäftigte, die ihre Arbeit individuell gestalten können, weisen eine höhere Work-Life-Balance, mehr Motivation und ein höheres Wohlbefinden auf. Auch die Leistung der Mitarbeiter korreliert leicht positiv im Zusammenhang mit selbstbestimmtem Arbeiten.

Ferner ist untersucht worden, wie sich ein fixer Arbeitsplatz sowie ein flexibles Arbeitsplatzkonzept auf das Wohlbefinden und die Motivation der Beschäftigten auswirken. Hierbei führten die unterschiedlichen Arbeitsplatzkonzepte im Durchschnitt zu nahezu den gleichen Einflussergebnissen auf die Mitarbeiter. Je nach Mobilitätsgrad und Tätigkeit der Beschäftigten waren allerdings doch klare Unterschiede zu erkennen, wobei sich auf manche der fixe Arbeitsplatz, auf andere flexiblere Konzepte positiver auswirken. In der Studie gaben rund 60% an, mit ihrer Büroumgebung (eher) zufrieden zu sein. Bei den restlichen 40% besteht starkes Optimierungspotenzial. Dabei kann, wie die Studie ebenfalls zeigt, die Zufriedenheit mit der Büroumgebung einen stark positiven Effekt auf Mitarbeiter haben. Es stellt sich heraus, dass das Arbeitsumfeld trotz rückläufiger Nutzungsdauer ein äußerst wichtiges Aktionsfeld für Unternehmen darstellt. Mitarbeiter, die zufrieden mit ihrer Arbeitsumgebung sind, weisen auch ein allgemein höheres Wohlbefinden, stärkere Motivation sowie Commitment auf. Vor allem beim Commitment, also der Bindung und Identifikation von Mitarbeitern mit dem Unternehmen, ist in der Studie zu erkennen, dass Mitarbeiter, die mit ihrer Büroumgebung zufrieden sind, gleichzeitig ein hohes Commitment aufweisen. Ebenso fällt die Bindung zum eigenen Unternehmen bei den Befragten deutlich schwächer aus, die mit ihrer Arbeits-umgebung unzufrieden waren. (vgl. Bauer, Rief, Jurecic, Kelter & Stolze, 2014)

6.7 Betriebliches Gesundheitsmanagement und -Förderung

6.7.1 Beschreibung

„Die Gesundheit ist ein Zustand des vollständigen, geistigen und sozialen Wohlergehens und nicht nur das Fehlen von Krankheit und Gebrechen" (WHO, 2014). Ein Befinden des ausnahmslosen Wohlergehens und nicht nur die reine Abwesenheit von Krankheit – so definiert die Weltgesundheitsorganisation den Begriff „Gesundheit". Allerdings stellt diese Forderung einen äußerst idealisierten Zustand dar, der so wohl kaum zu erreichen ist.

Besonders die Herausforderungen des heutigen und zukünftigen Arbeitsmarktes (vgl. Kap. 4) implizieren hierbei Schwierigkeiten: Durch den demografischen Wandel steigt auch in vielen Unternehmen der Altersdurchschnitt der Belegschaft, Mitarbeiter gehen teilweise erst im höheren Alter in den Ruhestand. Digitalisierung, höhere Flexibilität und Mobilität in der modernen Arbeitswelt steigern die Dynamiken und damit auch die Anforderungen an Mitarbeiter – Burnout wurde von einigen Medien bereits zur neuen Berufskrankheit ausgerufen. (vgl. Rössler, Keller & Moock, 2016, S. 8)

Gerade deshalb spielt das Betriebliche Gesundheitsmanagement (BGM) und insbesondere die Betriebliche Gesundheitsförderung (BGF) eine immer größere Rolle. Häufig werden die beiden Begriffe als Synonym verwendet, fachlich gesehen ist die BGF aber eine Teildisziplin des BGM, bei der, wie der Name bereits sagt, die aktive Förderung der Mitarbeitergesundheit im Vordergrund steht. Das Betriebliche Gesundheitsmanagement ist das „große Ganze", indem alle gesundheitsbezogenen Aktivitäten (Gesundheitserhaltung und Prävention) eines Unternehmens zusammen-laufen. Dazu gehören der Arbeitsschutz, das Betriebliche Eingliederungsmanagement inklusive Suchterkrankungen und eben die Betriebliche Gesundheitsförderung. Der Arbeits- und Gesundheitsschutz ist das klassische Pflichtprogramm, bei dem viele Vorgaben bereits gesetzlich geregelt sind. (vgl. Ternès, Klenke &m Jerusel, 2017, S. 5 f.) Dementsprechend liegt der Blickpunkt dieser Untersuchung vor allem auf der Betrieblichen Gesundheitsförderung bzw. auf den Maßnahmen, die über den gesetzlich vorgeschriebenen Rahmen hinausgehen: Sozusagen die „Kür“, welche auf der Basis des verpflichtenden Arbeitsschutzes aufbaut (vgl. Jena & Di Pasquale, 2014, S. 43)

Die Betriebliche Gesundheitsförderung beinhaltet Methoden und Inhalte mit dem Ziel, Belastungen ab- und Gesundheitsressourcen aufzubauen. Dabei wird häufig auf die Kombination verhaltens- sowie verhältnispräventiver Maßnahmen abgezielt. Bei der Verhaltensprävention soll das individuelle Gesundheitsverhalten der Mitarbeiter verbessert werden, indem durch Aufklärung, Informationen und Training ein gesundheitsförderlicheres Verhalten des Einzelnen bestrebt wird. Die Verhältnis-prävention hingegen ist eine strukturelle Prävention und umschließt Maßnahmen, die beispielsweise auf die Gestaltung von Arbeitstätigkeiten, Arbeitsbedingungen und betriebliche Rahmenbedingungen bis hin zu privaten Lebensbedingungen abzielen. (vgl. Kempf, 2010, S. 204)

In der Folge besteht der Anspruch nicht darin, geeignete Maßnahmen zur Gesundheitsförderung zu identifizieren, sondern darin, zu analysieren, wie bedeutend das BGM und die BGF für eine nachhaltige Unternehmensentwicklung tatsächlich sind.

6.7.2 Zweck/ Nutzen

Der primäre Zweck einer Betrieblichen Gesundheitsförderung ist, wie zuvor beschrieben, die aktive Förderung der Mitarbeitergesundheit. Eine erfolgreiche Umsetzung bringt sowohl für das Unternehmen als auch für die Arbeitnehmer bedeutende Vorteile mit sich: Wie von der WHO definiert, soll Gesundheit nicht nur das Fernbleiben von Krankheiten, sondern auch ein Zustand des physischen und psychischen Wohlergehens sein. (vgl. WHO, 2014) Genau dieser Anspruch soll auch durch Maßnahmen der BGF möglichst optimal erfüllt werden. Der Gesundheitszustand der Beschäftigten soll verbessert und gesundheitliche Risiken, sowohl physischer als auch psychischer Art, gesenkt werden. Die gesundheitlichen Bedingungen innerhalb des Unternehmens sollen weiter verbessert und damit Belastungen verringert werden. Das Wohlergehen der Beschäftigten soll somit optimiert werden, Arbeitszufriedenheit soll erhöht und das Betriebsklima verbessert werden. Dadurch wäre auch eine verbesserte Lebensqualität und folglich eine nachhaltige Erhaltung der Leistungsfähigkeit denkbar. Auch aus Arbeitgebersicht ist nicht nur besagte Sicherung der Leistungsfähigkeit aller Mitarbeiter zu nennen, sondern ebenso die mögliche Erhöhung der Mitarbeitermotivation und Stärkung der Identifikation mit dem Unternehmen. Abgesehen von der Kostensenkung durch die Reduzierung von Krankheits- und Produktionsausfällen ist eine gute Betriebliche Gesundheitsförderung auch imagefördernd und kann ebenso als Maßnahme des Personalmarketings oder Employer Brandings verstanden werden. (vgl. Froböse, Wilke & Biallas, 2011, S. 9)

6.7.3 Aufwand und Voraussetzungen zur Umsetzung

Auffällig ist, dass die Verbreitung der Betrieblichen Gesundheitsförderung nach wie vor in großen Unternehmen erheblich weitreichender ist als in kleineren Betrieben (vgl. Beck & Lenhardt, 2016, S. 56) Allerdings kann diese Umsetzungsträgheit bei kleinen und mittleren Unternehmen nicht allein auf die zu Stande kommenden Kosten für dementsprechende Maßnahmen geschoben werden: Seit Anfang 2009 können Betriebe zur Förderung der Mitarbeitergesundheit 500€ pro Mitarbeiter und Jahr steuer- und sozialversicherungsfrei umsetzen[39]. Mit dieser Regelung sollen Arbeitgeber angeregt und unterstützt werden, Maßnahmen zur Betrieblichen Gesundheitsförderung einzusetzen. Unter die steuerbegünstigte Förderung fallen alle Maßnahmen, welche in Bezug auf „Qualität, Zweckbindung und Zielgerichtetheit" die Anforderungen in *§ 20 SGB V* erfüllen. Dazu zählen beispielsweise Bewegungs-programme, Ernährungsangebote, Suchtprävention sowie Stress-bewältigung. (vgl. Froböse et al., 2011, S. 17) So scheint die größere Hürde zur Implementierung von betrieblicher Gesundheitsförderung fehlendes Wissen zu sein. Lt. Bundesministerium für Gesundheit sind die vorhandenen Möglichkeiten vielen Unternehmen unbekannt, auch aufgrund geringerer Verfügbarkeit von Ressourcen im Vergleich zu Großunternehmen. (ebd., S.10)

6.7.4 Bewertung

Zum Einstieg der Bewertung, ob eine Betriebliche Gesundheitsförderung einen wichtigen Anteil für eine nachhaltige Unternehmensentwicklung leisten kann, wird eine

[39] Lt. § 3 Nr. 34 EStG

äußerst umfangreiche Auswertung und systematische Analyse zahlreicher deutsch- und englischsprachige Studien zur besagten Thematik mit dem Ziel der Überprüfung der wissenschaftlichen Evidenz für die Wirksamkeit von Maßnahmen der BGF und Prävention von der Initiative Gesundheit und Arbeit (iga[40]) herangezogen. (vgl. Pieper, Schröder, Bräunig & Kohstall, 2015, S. 5) Untersucht wurde hierbei die *Wirksamkeit arbeitsbezogener Maßnahmen und Prävention 1) zur Förderung der Gesundheit und des Wohlbefindens, 2) von psychischen Erkrankungen und 3) von Muskel-Skelett-Erkrankungen.* (ebd., S. 9 f.)

In der hier vorliegenden Arbeit wird von einer Ausführung einzelner, spezieller Maßnahmen und deren Wirkung abgesehen, da der Anspruch darin besteht, die Wirkung der BGF im Allgemeinen zu analysieren und nicht die Wirksamkeit von spezifischen BGF-Maßnahmen. Dementsprechend wird auch ein allgemeiner Überblick der Studienergebnisse gegeben und auf eine zu spezifische Darstellung einzelner Methoden verzichtet.

Bei der Untersuchung verschiedener Maßnahmen zur Förderung der Gesundheit und des Wohlbefindens von Beschäftigten bestätigten eine Vielzahl von Studien positive Effekte auf die Gesundheit der Mitarbeiter. Gerade auf der Individualebene der Beschäftigten ist dabei eine Verbesserung des psychischen und physischen Befindens feststellbar, dies bestätigt ein Großteil der untersuchten Studien. Auch bei arbeitsorganisatorischen und arbeitsplatzbezogenen Zielgrößen seien positive Wirkungen der Maßnahmen erkennbar. (vgl. Pieper et al., 2015, S. 68) In Bezug auf die Prävention psychischer Erkrankungen waren sowohl individuelle Maßnahmen (z. B. Interventionen), aber vor allem „Kombinationen aus organisationalen und individuellen Maßnahmen" äußerst wirksam. Festgestellt wurde dies vorrangig von den vielen Studien zum Thema Burnout-Prävention, auch wenn solche Beiträge zum Themengebiet der psychischen Erkrankungen durch den sehr heterogenen Forschungscharakter schwer zu

[40] In der „Initiative Gesundheit und Arbeit" kooperieren der BKK Dachverband, die Deutsche Gesetzliche Unfallversicherung (DGUV), der AOK-Bundesverband sowie der Verband der Ersatzkassen e. V. (vdek) bei der Prävention und der Betrieblichen Gesundheitsförderung (Über Uns – Initiative Gesundheit & Arbeit [iga]).

vergleichen sind: Es werden viele verschiedene Maßnahmen untersucht und eine Vielzahl an Zielparametern und Erhebungs-instrumenten genutzt. (ebd., S. 44) Bei den untersuchten Studien zur Wirkung von Prävention auf Muskel-Skelett-Erkrankungen ist zu erwähnen, dass sehr viel mehr Studien zu Maßnahmen der Verhaltensprävention als Beiträge der Verhältnis-prävention vorliegen. Dadurch ist gerade im Bereich der verhältnispräventiven Maßnahmen keine generalisierte Wirksamkeit belegbar.

Betrachtet man allerdings die Einzelstudienergebnisse, so ist in vielen Fällen ein positiver Effekt auf Erkrankungen des Bewegungsapparats zu erkennen. Insgesamt gesehen, ist ein präventiver Nutzen vor allem bei körperlichen Übungs- und Kräftigungsprogrammen am wahrscheinlichsten, falls diese kontinuierlich weitergeführt werden. Hingegen sind allgemeine Schulungen und Trainings für die Prävention von Muskel-Skelett-Erkrankungen bei der gesunden Belegschaft eher ungeeignet. (ebd., S. 61) Die Untersuchung belegt letztendlich, dass Maßnahmen der Betrieblichen Gesundheitsförderung durchaus für eine nachhaltige Unternehmens-entwicklung wirksam sind. Dies untermauert nicht zuletzt der Blick auf den Return on Investment (ROI[41]), der insgesamt einen sehr positiven Wert aufweist. Bei Einsparungen von Krankheitskosten bzw. medizinischen Kosten wird von einem ROI von 1:3,27[42] und bei Einsparungen durch die Reduzierung krankheitsbedingter Fehlzeiten ein ROI von 1:2,73 angenommen. (ebd., S. 68)

In einer Studie der Zeitschrift Personalwirtschaft wurde untersucht, inwiefern auch mittelständische Unternehmen Maßnahmen der Betrieblichen Gesundheitsförderung einsetzen und inwieweit sich Investitionen in ein nachhaltiges Gesundheitsmanagement auszahlen können. Dafür wurden Mitte 2015 explizit rund 401 HR-Experten und Entscheider aus unterschiedlichen mittelständischen und größeren Unternehmen befragt. Dabei schreiben über 60% der Befragten dem Themengebiet *Gesundheit der Mitarbeiter* einen hohen bis sehr hohen Stellenwert zu, nur 15,7% lassen dem Thema

[41] Kennzahl zur Messbarkeit der Rendite; sie beschreibt das prozentuale Verhältnis zwischen dem investierten Kapital und dem Gewinn.

[42] Übertragen bedeutet dies: Für jeden investierten Euro entsteht ein Nutzen (hier: Einsparung) von 3,27 €.

aus ihrer Sicht eine geringere Bedeutsamkeit zukommen. Trotz der Grundeinschätzung, dass Gesundheitsmaßnahmen relativ wichtig für den Erfolg und die Nachhaltigkeit des Unternehmens sind, geben lediglich 17,7% an, „sehr gut“ über das Thema informiert zu sein, immerhin 33,4% sind der Meinung, „gut“ informiert zu sein.

Die beiden größten Hürden für ein gutes Betriebliches Gesundheitsmanagement begrenzte personelle Ressourcen (67,8%) und begrenzte finanzielle Mitteln (64,1%) sehen die Teilnehmer mit großem Abstand vor den anderen Aspekten. Nichtsdestotrotz sind 85,3% der Meinung, dass sich auch kleinere Unternehmen ein Betriebliches Gesundheitswesen leisten können. Allerdings lässt die Studie auch erkennen, dass das Budget der Firmen durchaus eine Rolle für die Umsetzung geeigneter Maßnahmen spielt und kleinere Unternehmen mit einem geringeren Budget somit vergleichsweise begrenzte Möglichkeiten besitzen. Unter allen Studienteilnehmern (N=401) gaben 57,1% an, keine konkrete Zielvorstellung zum Thema Gesundheit und Gesundheitsmanagement zu haben. Anders bei den Unternehmen, die ein Budget von über 25.000 € zur Verfügung stellen (N=49): Hier gaben über 65% an, durchaus ganz konkrete Zielvorstellungen zu besitzen.

Bei der Frage nach den wichtigsten Gründen für ein gutes BGM stand die Steigerung der Arbeitszufriedenheit (77,8%) an erster Stelle. Knapp dahinter lag die Verbesserung des psychischen (77,3%) und physischen (73,6%) Befindens der Mitarbeiter sowie das Reduzieren von Fehlzeiten (66,1%). Lt. Aussagen liegen die vorrangigen Beweggründe zur Verbesserung des BGM also stärker auf der (individuellen) Mitarbeiterebene anstatt auf der Organisationsperspektive. Insgesamt geben 6,7% an, mit ihren bisherigen im Unternehmen betriebenen Aktivitäten zum Thema Gesundheit „sehr zufrieden“ und immerhin 27,2% „zufrieden“ zu sein. Bei Unternehmen, die ein Budget von über 25.000 € für das BGM aufwenden und häufiger konkrete Zielvorstellungen verfolgen, liegen die Zufriedenheitswerte erheblich höher. Dies wird vor allem bei den Angaben zur Unzufriedenheit deutlich: Lediglich 6,1% der Vertreter von besagten Unternehmen (N=49) gaben an, „eher unzufrieden“ zu sein. Unter allen Unternehmen hingegen gaben über 35% der Teilnehmer an, „eher bis sehr unzufrieden“ mit den bisherigen Aktivitäten rund um das Thema Gesundheit zu sein. Auffällig waren auch die Befragungsergebnisse zu dem Einfluss von Führungskräften auf die Gesundheitsthematik. Die Personalexperten sind fast Einstimmig (94,2%) der Meinung, dass Führungskräfte eine entscheidende Rolle bei der Umsetzung eines erfolgreichen Betrieblichen Gesundheitsmanagements spielen. Der „guten Führung“ wurde zudem auch die größte Bedeutung in Bezug auf heutigen und zukünftigen Unternehmenserfolg zugeschrieben. (vgl. Lüerßen et al., 2015)

In der zuvor beschriebenen, großangelegten Studienuntersuchung des iga waren die Auswirkungen von BGF-Maßnahmen auf die Zufriedenheit der einzelnen Beschäftigten und das Generieren von emotionaler Bindung zum Unternehmen nicht eindeutig nachweisbar, auch wenn viele Studien diesbezüglich einen eher positiven Trend aufwiesen. Dementsprechend wird hierfür noch eine kurze Fallstudie betrachtet, um einen Einblick zu bieten, was für Effekte durch spezielle Maßnahmen möglich sind: In einer explorativen Studie (2009) wurde untersucht, wie sich Betriebssport-maßnahmen auf das Betriebsklima, Unternehmensidentifikation und Wohlbefinden der Mitarbeiter auswirkt. Zwischen den Studienteilnehmern (N = 206), die an Sportangeboten teilnehmen (N = 78) und denjenigen, die nicht teilnehmen (N = 128), konnte kein signifikanter Unterschied im Hinblick auf deren subjektives Wohlbefinden fest-gestellt werden. Die Angaben zur Zufriedenheit der MA weisen bei der Gruppe, die am Betriebssport teilnehmen, zwar höhere Zufriedenheitswerte auf, allerdings ist der Beitrag des Betriebssports selbst hier eher gering einzuschätzen. Zufriedenere Mitarbeiter nehmen möglicherweise eher an Betriebsveranstaltungen teil als un-zufriedene Beschäftigte. Auch bei den Untersuchungen zum Einfluss auf das Betriebs-klima und Zugehörigkeitsgefühl sind keine signifikanten Auswirkungen seitens einer Betriebssportteilnahme erkennbar. Besagte Angebote werden häufig nur von einer geringen Minderheit der Mitarbeiter wahrgenommen, wodurch sich der Teamgedanke innerhalb der kleinen Gruppe nicht auf den Unternehmensalltag übertragen lässt. (vgl. Emrich, Pieter & Fröhlich) Möglicherweise ist hier auf Seiten des Arbeitgebers das Setzen weiterer Anreize notwendig, um eine größere Zahl an Beschäftigten zum Sportangebot anregen zu können. Schließlich profitiert nachweislich vor allem das Unternehmen selbst von gesunden und leistungsfähigen Mitarbeitern.

Die Bewertung hat auch gezeigt, dass eine gute Führung sowohl für eine erfolgreiche Umsetzung von geeigneten BGM- und BGF-Maßnahmen erforderlich ist, als auch einen wesentlichen Einflussfaktor für einen zukünftigen Unternehmenserfolg darstellt. (vgl. z. B. Lüerßen et al., 2015, S. 20 f.) Dementsprechend wird als abschließende Maßnahme für eine nachhaltige Unternehmensentwicklung im Folgenden die Mitarbeiterführung behandelt.

6.8 MA-Führung

6.8.1 Beschreibung

In einigen der bisherigen Untersuchungen wurde bereits eine „gute Führung“ als wesentlicher Faktor für den langfristigen Erfolg des Unternehmens identifiziert. (vgl. z. B. Lüerßen et al., 2015, S. 20 f.) Damit ist zunächst zu klären, was unter dem Begriff der „Führung“ in der Führungsforschung verstanden werden kann. Bereits Mitte des 19. Jahrhunderts definierte Stogdill Führung als einen „Prozess der Beeinflussung der Aktivitäten einer organisierten Gruppe in Richtung auf Zielsetzung und Zielerreichung.“ (1950, S. 4 zitiert nach Blessin & Wick, 2017, S. 27). Stahl dagegen spricht lediglich vom „Versuch […] das Verhalten anderer Menschen so zu beeinflussen, dass dadurch vorgegebene oder vereinbarte Ziele innerhalb einer Organisation erreicht werden.“ (Stahl, 2013, S. 78). Dadurch verdeutlicht er, dass Führen nicht zwingend erfolgreich verlaufen muss, sondern damit viel mehr versucht wird, durch verschiedene Verhaltensweisen und Einflüsse die Wahrscheinlichkeit einer Zielerreichung möglichst positiv zu beeinflussen. Doch wie funktioniert positive Beeinflussung? Was ist gute, zielführende Führung? Das wird durch eine pauschale Aussage nicht zu klären sein, denn dafür spielen zu viele individuelle Faktoren eine Rolle. Dazu gehören beispielsweise die unternehmenseigene Organisationskultur und -grundsätze, die Führungsphilosophie, Arbeitsgestaltung, Arbeitsaufgaben und -inhalte, aber eben auch das subjektive Empfinden von einzelnen Geführten. Was der eine Mitarbeiter als gute Führung wahrnimmt, gilt nicht zwingend auch für den nächsten: „Ein Niveau, das für die eine unterdurchschnittlich ist, kann für den anderen akzeptabel und für einen dritten gut sein“ (Blessin & Wick, 2017, S. 55 f.).

6.8.2 Zweck/ Nutzen

Wesentliche Führungsfunktionen einer Führungskraft sind einerseits die Zielerreichungsfunktion (Lokomotionsfunktion), die primär dazu dient, die Mitarbeiter auf die Zielerreichung auszurichten, und andererseits die Gruppenerhaltungsfunktion (Kohäsionsfunktion). Diese ist in der vorliegenden Arbeit besonders zu berücksichtigen, da bei ihr die Stärkung und Förderung von positiven, internen Gruppenbeziehungen sowie die emotionale Mitarbeiterbindung im Blickpunkt steht. (vgl. Dincher, 2014, S. 87 f.) Zudem stellt sich auch in der Führungsthematik die Frage, wie man hier mit den sich weiter verändernden Rahmenbedingungen (vgl. Kap. 4), insbesondere mit der digitalen Transformation und den zunehmenden virtuellen Strukturen, umgeht. Ein wissenschaftlicher Ansatz, der sich mit ganzheitlichen Führungsherausforderungen in der Digital Economy auseinandersetzt, wird *Digital Leadership* bezeichnet. Dieser bezieht sich sowohl auf die Unternehmens- und Personalführung im digitalen Zeitalter als auch auf digital führende Unternehmen. (vgl. Petry, 2016, S. 11) Im Rahmen dieser Arbeit rückt die Personalführung in den Vordergrund.

6.8.3 Aufwand und Voraussetzung zur Umsetzung

Wie zuvor beschrieben, ist die Führung nicht allein von der Führungskraft abhängig, sondern vor allem vom jeweiligen Unternehmen selbst. Die Art und Weise, wie innerhalb einer Organisation geführt werden soll, ist damit Gegenstand der Personalpolitik, wie zum Beispiel durch die Vorgabe eines bestimmten Führungsstils[43]. Voraussetzung für die richtige Führungsumsetzung ist damit beispielsweise die Vorgabe geeigneter Führungsleitlinien und die dementsprechende Schulung der Vorgesetzten und Führungskräfte, um eine möglichst gelungene Umsetzung des bestrebten Führungsstils zu

[43] „Typische Art und Weise des Verhaltens von Vorgesetzten gegenüber einzelnen Mitarbeitern und Gruppen von Mitarbeiten. Führungsstile sind damit als zeitlich überdauernde und wiederkehrende Muster von Führungsverhalten zu begreifen, die situativ in sich konsistent sind“ (http://wirtschaftslexikon.gabler.de/Definition/fuehrungsstil.html).

fördern. In der Praxis orientieren sich Unternehmen häufig an „erprobten Führungsmodellen" (vgl. Dincher, 2014, S. 89 ff.).

Die verschiedenen Modelle werden in diesem Rahmen allerdings nicht weiter ausgeführt, da dies keinen bedeutenden Mehrwert für die Beantwortung der Forschungsfrage in dieser Arbeit hätte. Sachdienlicher ist die Fragestellung, was eine geeignete, als positiv empfundene Führung bewirkt und was eine als negativ wahrgenommen Führung für Folgen hat. Das heißt, wie bedeutend der Beitrag der Mitarbeiterführung grundsätzlich zur Förderung einer nachhaltigen Unternehmens-entwicklung, insbesondere für die Mitarbeiterzufriedenheit, -bindung und -gesundheit, ist. Interessant ist zudem, inwiefern momentane Rahmenbedingungen (vgl. Kap. 4), wie die Digitalisierung, Flexibilisierung und zunehmend virtuelle Strukturen, sich auf die Personalführung auswirken.

6.8.4 Bewertung

Einen ersten Eindruck, wie die Umsetzung der Führung in deutschen Unternehmen aktuell wahrgenommen wird, liefert der Gallup Engagement Index 2016. Dafür wurden 2016 rund 1.413 Telefoninterviews durchgeführt. Unter den Arbeitsfaktoren, bei denen Wunsch und Wirklichkeit am weitesten auseinanderliegen, befindet sich die „hervorragende Führungskraft" – die Zufriedenheit in diesem Punkt liegt weit unter der angenommenen Wichtigkeit[44]. (vgl. Nink, 2017, S. 12) Die Studie zeigt zudem, dass Mitarbeiter mit hoher emotionaler Bindung gleichzeitig weniger Arbeitsstress empfinden, mehr Spaß bei der Arbeit haben, im Allgemeinen zufriedener sind. (ebd., S. 24) und die Fehlzeiten wesentlich geringer sind. (ebd., S. 41) Im Gegensatz dazu haben die drei wichtigsten Faktoren, an denen Unternehmen ansetzen sollten, um emotionale Bindung zu generieren, allesamt mit der Führung zu tun: An erster Stelle steht die Tatsache, Mitarbeitern die Möglichkeit zu geben, das tun zu können, was sie richtig gut können. Der zweite Faktor sind die Führungskräfte selbst und der dritte ist das Angebot von herausfordernden und abwechslungsreichen Tätigkeiten. (ebd., S. 26) Auf-

[44] Auf einer Skala von 1 (überhaupt nicht wichtig/ überhaupt nicht zufrieden) bis 5 (sehr wichtig/ sehr zufrieden) liegt die Wichtigkeit bei 4,35 und die Zufriedenheit bei 3,77.

fällig ist zudem, dass Mitarbeiter in einer Duz-Kultur (zwischen Kollegen und Führungskräften) häufiger eine emotionale Bindung aufweisen, als wenn Führungs-kräfte „gesiezt" werden. Von den Beschäftigten, die angeben in einer reinen Siez-Kultur (zwischen Kollegen und Vorgesetzten) zu arbeiten, weist kein einziger eine hohe emotionale Bindung auf. (ebd., S. 30) Auch regelmäßige Feedbacks führen nach wie vor mit einer höheren Wahrscheinlichkeit zu emotionaler Bindung – allerdings nur, wenn auch die Qualität der „Rückmeldung" stimmt. (vgl. Nink, 2017, S. 33 ff.)

Eine Reihe von Studien überprüfte die Annahme des sog. Identitätstransfermodell, welches besagt, dass sich eine hohe Identifikation bei Führungskräften auch auf deren geführte Teams und Mitarbeiter ausweitet. (vgl. Van Dick, 2017, S. 73) In den Studien wurde eine Korrelation festgestellt – Führungskräfte mit einer höheren Identifikation hatten häufig auch stärker identifizierte Mitarbeiter. Weitere positive Effekte daraus waren erhöhte Arbeitszufriedenheit und Engagement auf der Seite der Mitarbeiter. (ebd., S. 74)

Implizites Wissen von Führungsverantwortlichen vermittelt die Studie „Führungskultur im Wandel", wobei rund 400 Telefoninterviews mit Führungsverantwortlichen durchgeführt wurden. Hierbei wird deutlich, dass Veränderungsnotwendigkeiten durchaus von den Führungskräften erkannt werden: Zunehmende Flexibilität und Diversität soll möglichst positiv genutzt werden. Hierzu sollen bewegliche Führungsstrukturen samt individueller Zeiteinteilung und variierenden Teamkonstellationen verhelfen. Annähernd vollkommene Einigkeit herrscht beim Thema Prozesskompetenz. Gute Führung beinhaltet demnach die Fähigkeit, vor allem ergebnisoffene Prozesse, die in heutigen, virtuellen Strukturen immer wichtiger werden, professionell so zu gestalten, dass Mitarbeiter sich in den teils neuen Arbeitsweisen nicht überfordert fühlen. Das heißt auch, dass die Führung selbst dynamischer gestaltet werden sollte – aufgrund von abnehmender Vorhersagbarkeit auf den Märkten. Dementsprechend sieht die Mehrheit der Befragten die klassische hierarchische Organisation als obsolet an. Bisherige klassische Linienstrukturen werden von den meisten in Anbetracht der Komplexität und Dynamik in der heutigen Arbeitswelt nicht mehr als zeitgemäß erachtet. Als zukünftiges Organisationsmodell werden selbst organisierende Netzwerke gesehen, um höhere Innovationskraft, beschleunigte Prozesse und verringerte Komplexität zu generieren.

Wie bereits in vorherigen Kapiteln erwähnt, gehen auch die befragten Führungskräfte davon aus, dass zukünftig weniger das Gehalt und materielle Anreize eine langfristige Motivation bei MA hervorrufen, sondern stattdessen eher Wertschätzung, Entscheidungsfreiräume, Eigenverantwortung sowie Sinnzusammenhang der Tätigkeiten entscheidend für den Grad der Einsatzbereitschaft von MA sein werden. Interessant ist auch, dass viele Führungskräfte selbst ein großes Defizit im notwendigen Führungswandel in Deutschland sehen. Entsprechend sei der typisch deutsche Führungsstil ein „entscheidender Nachteil", wenn es um das Gewinnen und Binden von Talenten und Fachkräften geht. Laut Aussagen der befragten Führungsverantwortlichen beläuft sich der mittlere Erfüllungsgrad für die Kriterien, die gute Führung ausmachen, durchschnittlich auf unter 50%. Das heißt, nicht einmal die Hälfte der Ansprüche an die heutige Führungspraxis wird auch umgesetzt – Führungsanforderungen für eine heutige dynamische Arbeitswelt und die angewandte Praxis liegen dementsprechend weit auseinander. So überrascht es viele der Interviewten nicht, dass gerade bei der Führungsrealität häufig Kritik seitens der Beschäftigten geäußert werde. (Kruse, Greve & nextpractice GmbH, 2012)

Zu ähnlichen Ergebnissen kommt auch die empirische Studie „Führungskultur in Deutschland (2016)" – nun aus Sicht der Arbeitnehmer. Für 88% der Befragten sei es sehr wichtig bzw. wichtig, dass das Führungsverhalten ihrer Vorgesetzten ihre persönlichen Erwartungen erfülle (N=541) – bei lediglich einem Drittel sei dies allerdings der Fall. Entsprechend zeigt die Studie auch auf, dass die traditionelle aufgabenorientierte Führung stets zementiert erscheint. Ein wirklicher, großflächiger Wandel sei in der Führungskultur aktuell noch nicht erkennbar. (Cisik, 2016) Auch StepStone führte 2016 eine großangelegte Umfrage unter rund 14.000 Fach- und Führungskräften durch, um festzustellen, was für Ansprüche Fachkräfte an die Arbeitswelt haben. Von ihren Vorgesetzten erwarten Fachkräfte klare Entscheidungen, möchten diese allerdings gerne selbstständig umsetzen. Somit belegt das Zulassen von eigenverantwortlichem Arbeiten eine Schlüsselanforderung an Vorgesetzte. Des Weiteren ist Fachkräften lt. Studie eine kooperative Zusammenarbeit mit ihren Vorgesetzten wichtig, dies gilt vor allem für weibliche Fachkräfte, bei denen Soft-Skills eine bedeutende Rolle spielen: Ihnen sind eine klare Kommunikation und gute Zusammenarbeit besonders wichtig. Auch den Erhalt von regelmäßigem Feedback durch Vorgesetzte sehen viele als einen Aspekt an, den gute Führung beinhalten sollte – ebenso wie die Unterstützung von Mitarbeitern – falls notwendig. Dazu gehöre auch die Förderung und Entwicklung von Mitarbeitern. (StepStone Deutschland GmbH, 2016) Eine weitere Studie zur Fachkräftesicherung und -bindung durch das Bundesministerium für Arbeit und Soziales (N=>7.000) kam zu dem Ergebnis, dass Gründe über einen Wechsel des Arbeitsplatzes nachzudenken meist eine bessere Bezahlung (59%), veränderte Arbeitsinhalte (58%) sowie bessere Karrierechancen (55%) sind. Der Hauptgrund weshalb Arbeitnehmer allerdings tatsächlich wechseln, sind bessere Vorgesetzte (76%), gefolgt von besserer Beziehung zu Kollegen und Vorgesetzten (73%). (vgl. Kampkötter et al., 2015, S. 14)

7 Maßnahmenbewertung und nachhaltige Zukunftsstrategien

„Wir müssen der Wandel sein, den wir in der Welt zu sehen wünschen.“

(Mahatma Gandhi)

Zunächst soll in Kapitel 7.1 ein knapper Überblick der Erkenntnisse und deren Interpretation aus den Maßnahmenbewertungen des vorherigen Kapitels dargestellt werden.

Zur Erinnerung: *Ziel ist es, Optimierungsstrategien zu generieren, welche eine nachhaltige Unternehmensentwicklung, im Sinne von Steigerung der MA-Zufriedenheit, Schaffen von Begeisterung und emotionaler Bindung sowie Förderung der physischen und psychischen MA-Gesundheit, unterstützen.*

Einen Hauptanteil an der Generierung zukünftiger Maßnahmen hat die durchgeführte Untersuchung von bereits eingesetzten Strategien. (vgl. Kap. 6) Dabei wurde systematisch analysiert, inwiefern bestimmte HR-Maßnahmen in deutschen Unternehmen angewandt werden und vor allem welche Wirkung diese auf Beschäftigte – zur Optimierung der Zielfaktoren – haben. Es sollten damit sowohl Problemfelder ausfindig gemacht werden, als auch effektive und wirkungsvolle Maßnahmen bzw. Wirkungsbereiche (wie Führung, Entwicklung, Kultur etc.) identifiziert werden, um genau an diesen Punkten mit zukünftigen Maßnahmen ansetzen zu können. Entsprechende Nachhaltigkeitsmaßnahmen sollen in Kapitel 7.3 generiert werden. Hierbei sollen auf Grundlage der zuvor beschriebenen Erkenntnisse neue und in der Form teils noch nicht angewandte Maßnahmen angefertigt und vorgestellt werden.

Einfluss auf die Konzeption zukünftige Maßnahmen haben neben den Bewertungsergebnissen auch aktuelle Indizien zu zukünftigen wirtschaftlichen, gesellschaftlichen, aber vor allem technologischen Entwicklungen.

7.1 Ergebnisse der Maßnahmenbewertung

Untersucht wurden vom HR-Management eingesetzte (nichtmonetäre) Strategien und Maßnahmen, die unter Berücksichtigung der wesentlichen Einflüsse auf die heutige Arbeitswelt (Demografie, Digitalisierung, Wertewandel etc.) dazu führen sollen, dass die Beschäftigten innerhalb der Unternehmen Begeisterung für ihre Arbeit und ihren Arbeitgeber entwickeln und im besten Fall eine emotionale Bindung entsteht. Es besteht der Anspruch, dass MA ihre Tätigkeit nicht als Mittel zum Zweck sehen sollen, sondern diese möglichst aus innerer Überzeugung und mit Freude nachgehen, um dadurch langfristige Zufriedenheit sowie ein hohes Wohlbefinden aufweisen zu können. Letztlich gehört zu einem nachhaltigen Wohlbefinden auch eine nachhaltige Gesundheit, welche ebenfalls Teil der Untersuchung gewesen ist. In der Folge werden die Untersuchungsergebnisse nach einem kurzen Gedankenexperiment (Kap. 7.1.1) zusammengefasst und interpretiert.

7.1.1 Interpretationsmodell

Führen wir zunächst ein sporadisches Experiment durch und versuchen die durchgeführten Bewertungen und Analysen der verschiedenen Maßnahmen dazu zu nutzen, sie mithilfe der Zwei-Faktoren-Theorie[45] nach Herzberg[46] aufzuschlüsseln bzw. sie zu bewerten. Das Modell dient zur Erklärung, unter welchen arbeitsbezogenen Faktoren Zufriedenheit bzw. Unzufriedenheit hervorgerufen werden kann. Herzberg unterscheidet zwei Arten der Einflussgrößen: Auf der einen Seite die Hygienefaktoren, welche unter positiver Ausprägung lediglich Unzufriedenheit verhindern, aber keine Zufriedenheit erzeugen können und auf der anderen Seite die Motivatoren, welche zur Generierung von Zufriedenheit beitragen, bei fehlender Ausprägung allerdings auch nicht direkt Unzufriedenheit hervorrufen. (vgl. Myers, 2014, S. 788 f.) Als Betrachtungsbeispiel sollen nun willkürlich die Untersuchungs-ergebnisse von Homeoffice-Möglichkeiten und Führungsverhalten herangezogen werden. Während man bei der Möglichkeit von Homeoffice-Arbeitstagen der Untersuchung nach in den meisten Fällen

[45] Oder auch als Motivation-Hygiene-Theorie bekannt.

[46] Frederick I. Herzberg (1923–2000), US-amerikanischer Professor der Arbeitswissenschaft und der klinischen Psychologie

durchaus von einem Motivator, ganz nach Herzbergs Definition, ausgehen kann – d.h. eine Homeoffice-Option kann eine Steigerung der Zufriedenheit einzelner Beschäftigter bewirken, bei fehlenden Möglichkeiten hingegen ist meist auch nicht von einer Zunahme an Unzufriedenheit auszugehen (vgl. Kap. 6.4.4) – fällt ein solches Urteil im Hinblick auf die Wirkung des Führungsverhaltens schon erheblich schwerer. Aber auch die Anwendung von Homeoffice ist schwieriger zu beurteilen, als es auf den ersten Blick den Anschein hat. Dafür betrachte man exemplarisch das Beispiel IBM[47]: Während IBM als Vorreiter der Heimarbeit galt und zuletzt sogar rund 40% der Beschäftigten von zu Hause aus arbeiteten, schafft der IT-Konzern das Homeoffice nun komplett ab – heißt auch, viele Mitarbeiter stehen vor der Wahl umzuziehen, zu pendeln oder gar den Job zu wechseln – inklusive all der persönlichen und familiären Folgen. (vgl. Frankfurter Allgemeine Zeitung GmbH, 2018) Dass eine solche Maßnahme bei einigen Mitarbeitern von IBM durchaus Unzufriedenheit auslöst, ist nur schwer zu bestreiten – wodurch das Modell von Herzberg bereits an diesem Punkt äußerst kritisch zu betrachten ist. Versucht man des Weiteren, die Untersuchungsergebnisse der MA-Führung zu interpretieren, lassen sich schon erheblich früher Widersprüche feststellen: Lt. Untersuchung ist schlechte Führung einer der Hauptgründe, weshalb Arbeitnehmer überlegen, das Unternehmen zu verlassen – wonach man diesen Aspekt in die Gruppe der Hygienefaktoren einordnen müsste. In der Untersuchung konnte allerdings auch festgestellt werden, dass gute Führung eine positive Korrelation auf die Identifikation und Zufriedenheit der Geführten bewirken kann. (vgl. Kap. 6.8.4)

Dies zeigt: Bereits die ersten Versuche, die Ergebnisse mit Hilfe der Zwei-Faktoren-Theorie zu interpretieren, scheitern. Man stellt schnell fest, dass eine solch triviale Einteilung und Darstellung von Auswirkungen verschiedener Maßnahmen nicht den Erklärungsanspruch erfüllen kann, der bei dieser Thematik, einer zunehmend komplexeren Arbeitswelt, notwendig wäre. Entsprechend wird eine Darstellung anhand des besagten Modells verworfen. Auch andere Modelle, wie beispielsweise die Bedürfnispyramide von Maslow, werden der Komplexität des vorliegenden Untersuchungsge-

[47] International Business Machines Corporation (IBM) ist ein US-amerikanisches IT- und Beratungsunternehmen.

genstandes nicht gerecht bzw. liefern keine zufriedenstellende Erklärungsgrundlage. Somit werden die Ergebnisse der Untersuchung in der Folge unabhängig von einem festen Erklärungsmodell dargestellt und interpretiert. Bei der Ergebnisdarstellung wird versucht, trotz der teils starken Verflechtungen zwischen den verschiedenen Maßnahmen, die Relevanz einzelner Maßnahmen für die Erreichung der definierten Zielfaktoren deutlich zu machen. Das vorhergehende Gedankenexperiment sollte auch verdeutlichen, dass die Ergebnisse nicht als allgemeingültig anzusehen sind. Der Anspruch der Untersuchung bestand darin, einen gesamtwirtschaftlichen Überblick für Deutschland zu schaffen. D.h. die Untersuchungsergebnisse sind unabhängig von Branchen, Wirtschaftssektoren, Unternehmensgrößen oder anderen Einteilungskriterien aufzufassen. Dementsprechend gilt lediglich eine eingeschränkte Repräsentativität für Einzelfallbetrachtungen.

7.1.2 Emotionale Bindung

Als besonders relevant für eine *emotionale Bindung* von Mitarbeitern erscheinen vor allem weiche Faktoren, wie ein gutes und kollegiales Betriebsklima und eine Unternehmenskultur, mit der sich der Mitarbeiter identifizieren kann. Den größten Einfluss allerdings, so scheint es, haben die Führungskräfte, wenn es darum geht, Mitarbeiter emotional ans Unternehmen zu binden. Zwar spielen auch die Rahmenbedingungen eine Rolle, aber wenn die Beziehung zum Vorgesetzten mangelhaft ist – dann wird auch keine emotionale Bindung zu Stande kommen. Ebenso hat die Untersuchung gezeigt: Weisen Führungskräfte selbst bereits eine hohe Identifikation auf, so ist die Wahrscheinlichkeit erheblich höher, dass auch ihre Geführten eine emotionale Bindung zum Arbeitgeber aufbauen.

Die *Unternehmenskultur* hat nicht nur ein hohes Potenzial, wenn es um die emotionale Bindung von Mitarbeitern geht, sondern kann als eine der Grundvoraussetzungen für selbige angesehen werden. Nur wenn sich Beschäftigte mit ihrem Unternehmen identifizieren können, d.h. die Einstellung gegenüber Zielen und Werten größtenteils übereinstimmen, bestehen Chancen einer so starken Bindung. (vgl. Kap. 3.1; Kap. 6.2.1) Gleichzeitig offenbart die Untersuchung genau in diesem Punkt große Problematiken: Denn die Umsetzung der Unternehmenskultur erfolgt häufig nur unzulänglich und die tatsächlich gelebten Werte und Verhaltensmuster weichen stark von den gewünschten und definierten ab. Und hier kommen auch wieder die *Führungskräfte* ins Spiel, denn vor allem in der für eine erfolgreiche Unternehmenskultur so wichtigen Führungskultur zeigten sich beachtliche Ausführungsschwachstellen. Häufige Schwächen werden besonders in der Wertschätzung, bei Feedbacks oder der Offenheit gegenüber kritischen Themen gesehen. (vgl. Kap. 6.1.4)

Auch das *Employer Branding*, also die Generierung einer attraktiven Arbeitgebermarke, stellt in der Theorie einen Faktor dar, der eine Emotionalisierung der MA herbeiführen kann. (vgl. Kap. 6.2.1) Betrachtet man die Ergebnisse der Untersuchung, so muss dem eher kritisch gegenübergestanden werden. Zwar kann die Attraktivität eines Unternehmens durchaus enorm von einem guten Employer Branding profitieren, allerdings ist die Wirkung eines guten Arbeitgeberimages nach außen erheblich stärker als nach innen. Die Analyse zeigt: Bei potenziellen MA ist ein positiver Effekt wahrscheinlicher, als bei den eigenen MA innerhalb des Unternehmens. Dies liegt auch an der häufig nur sporadischen Umsetzung und Kommunikation nach innen, auch weil Unternehmen und deren HRM den Mehrwert dieser Strategie eher bei der externen Zielgruppe sehen: Bei der Frage nach Instrumenten für die reine Mitarbeiterbindung wird dem Employer Branding im Vergleich zu älteren Studien nicht mehr so große Beachtung geschenkt. Dennoch sind auch nach innen im Ansatz positive Wirkungen erkennbar: Statt einer Emotionalisierung, bewirkt ein gutes Employer Branding allerdings eher eine Differenzierung und Präferenzbildung gegenüber anderen Unternehmen, was zwar durchaus zur MA-Bindung führen kann, allerdings eher auf der kalkulatorischen oder normativen Ebene, anstatt der hier abgezielten emotionalen Ebene. (vgl. Kap. 6.2.2 und .4; Kap. 3.1) Eine entsprechend negative Wirkung ist ebenso möglich – und zwar dann, wenn das kommunizierte Arbeitgeberbild von der Realität abweicht und Mitarbeitererwartungen nicht erfüllt werden. Ein solcher Effekt wird zukünftig noch schwerwiegender, da die Nutzung und Reichweite von sozialen Medien, Netzwerken oder auch Bewertungsportalen weiter ansteigen wird. (vgl. Kap. 6.2.3; Kap. 4.2.1)

Die weiteren untersuchten Maßnahmen, wie flexible Arbeitszeiten und Homeoffice-Möglichkeiten sowie die Arbeitsplatzgestaltung, Betriebliche Gesundheitsförderung und Entwicklungsmöglichkeiten, stellen zum Teil zwar äußerst wichtige Aspekte für Arbeitnehmer dar, für die Generierung von emotionaler Bindung tragen sie jedoch, so zeigt es die Untersuchung, nicht im Wesentlichen bei. Eine viel wichtigere Rolle spielen beispielsweise ein gutes Betriebsklima, ein gutes Verhältnis zu Vorgesetzten und Kollegen sowie die Möglichkeit abwechslungsreiche und als sinnstiftend empfundene Tätigkeiten ausführen zu dürfen, welche man gut kann und gerne sowie aus innerer Überzeugung tut. (vgl. Kap. 6.1.4 und 6.8.4) Dies sind allesamt Faktoren, die zum einen die innere Empfindungsebene ansprechen und zudem im unmittelbaren Arbeitsumfeld hervorgebracht werden. Wie anfangs beschrieben haben die direkten Vorgesetzten den größten Einfluss darauf, ob eine emotionale Bindung überhaupt zu Stande kommen kann. Die Untersuchung zeigt, dass darüber hinaus beispielsweise auch eine Duz-Kultur, regelmäßige Feedbacks sowie eine gute Kommunikation untereinander eine positive Korrelation zu emotionaler Bindung ausweisen. (vgl. Kap. 6.8.4)

Als notwendige Bedingung für eine emotionale Bindung kann somit eine *gute Unternehmenskultur* (sowie ein kollegiales Arbeitsumfeld) in Verbindung mit *gutem Führungsverhalten* betrachtet werden. Allerdings existiert keine Musterdefinition einer solchen Kultur und Führung bzw. was genau als „gut" betrachtet werden kann. Letztlich ist dies auch nicht zu pauschalisieren, denn jeder Arbeitnehmer besitzt ein eigenes, subjektives Empfinden – wodurch das emotionale Binden von Beschäftigten als Zielgröße ein enorm schwierig zu erzielendes Unterfangen ist, was nicht zuletzt auch die jährlichen Ergebnisse des „Gallup Engagement Index" bestätigen. (vgl. Nink, 2017)

7.1.3 MA-Zufriedenheit und Begeisterung

Arbeitszufriedenheit ist bei Beschäftigten, im Gegensatz zur emotionalen Bindung, wesentlich häufiger vorzufinden. Gegenwärtige Studien zeigen, dass der Großteil der Deutschen im Allgemeinen auch relativ zufrieden hinsichtlich der Arbeitsbedingungen ist. Bei einer aktuellen bevölkerungsrepräsentativen Umfrage (N = 1.019) gaben beispielsweise rund 68% an, „eher bis vollkommen" zufrieden zu sein. Der Durchschnitt lag bei 7,0 auf einer Skala von 1 (vollkommen unzufrieden) bis 10 (vollkommen zufrieden). (vgl. Avantgarde Experts, 2017) In Kapitel 6 wurde unter anderem untersucht, inwiefern die verschiedenen HR-Maßnahmen Einfluss auf die Zufriedenheit der Beschäftigten nehmen. Zunächst lässt sich die Aussage treffen, dass mit einer sehr hohen Wahrscheinlichkeit davon ausgegangen werden kann, dass Mitarbeiter, die eine hohe emotionale Bindung zum Unternehmen aufweisen, auch zufrieden mit ihrem Arbeitgeber sind. (vgl. Kap. 6.8.4) Folglich lässt sich eine emotionale Mitarbeiterbindung als hinreichende Bedingung für Arbeitszufriedenheit definieren. Die Voraussetzungen, welche die Chance einer emotionalen Bindung positiv beeinflussen, (vgl. Kap. 7.1.2) können damit auch als äußerst positive Einflussgrößen für Zufriedenheit bzw. sogar für Begeisterung angesehen werden. (vgl. Kap. 3.2) Des Weiteren zeigen die meisten Studien auch, dass eine faire Entlohnung nicht unerheblich für die Zufriedenheit der Beschäftigten ist. (vgl. Eilers et al., 2018, S. 30; Kampkötter et al., 2015, S. 11) Allerdings sollten in der Analyse, wie zuvor bereits beschrieben, lediglich nichtmonetäre Anreize und Bedingungen berücksichtigt werden. Diese werden in der Folge dargestellt.

Dabei zeigt die Untersuchung, dass die *Flexibilisierung* der Strukturen durchaus ein großer Attraktivitätsfaktor für viele Beschäftigte sein kann: Besonders individuumsbezogene[48] flexible Arbeitszeiten stellen sich vergleichsweise als zunehmend sinnvolles Instrument heraus, um eine höhere Zufriedenheit zu generieren. Vor allem der gewisse Grad an Selbstbestimmung und damit die Möglichkeit, das alltägliche Leben bedeutend einfacher organisieren zu können, scheint einen positiven Effekt auf das Wohlbefinden der Arbeitnehmer zu haben – so konnte in der Untersuchung eine leichte Korrelation zwischen zeitlicher Arbeitszeitflexibilisierung und der Arbeitszufriedenheit festgestellt werden. In einigen Alters- und Personengruppen ist der positive Effekt flexibler Arbeitszeitgestaltung noch deutlicher erkennbar. Dies betrifft vor allem Beschäf-

[48] Der Arbeitnehmer kann den zeitlichen Rahmen teilweise selbst mitgestalten; im Gegensatz zu der betriebsbezogenen Variante der flexiblen Arbeitszeiten, bei denen der Arbeitgeber über eine „variable zeitliche Verfügung" seiner Beschäftigten disponiert. (vgl. Kap. 6.4.1)

tigte mit Kindern, denen es primär um die Vereinbarkeit von Beruf und Familie geht. Zudem fällt auf, dass flexible Arbeitszeiten besonders bei weiblichen Mitarbeitern noch ein Stück weit stärker gefragt sind und damit einen wesentlichen attraktivitätssteigenden Mehrwert für besagte Mitarbeitergruppen darstellen. Hinzu kommt, dass sich die Arbeitszeitflexibilisierung neben der Arbeitszeitverkürzung als effektivstes Instrument herausgestellt hat, um rentenberechtigte Mitarbeiter noch länger im Unternehmen halten zu können. Diese Erkenntnis könnte gerade im Hinblick auf den demografischen Wandel von hoher Bedeutung sein. (vgl. Kap. 6.4.4)

Neben der zeitlichen, wurde auch die ortsabhängige Flexibilisierung (Homeoffice, mobiles Arbeiten) untersucht. Dafür konnte allerdings keine Korrelation zur Arbeitszufriedenheit festgestellt werden – weder in positive noch in negative Richtung. Allerdings muss an dieser Stelle ergänzt werden, dass die Teilnehmer der untersuchten Studien, welche die Möglichkeit des ortsunabhängigen Arbeitens besaßen, lediglich einzelne Tage nicht am Arbeitsplatz verbringen. Auch weil häufige Präsensphasen in den betrachteten Studien als äußerst wichtig angesehen worden sind. (ebd.)

Untersuchungsrelevante[49] Daten über Beschäftigte, die fast ausschließlich mobil bzw. im Homeoffice arbeiten, konnten nicht ausfindig gemacht werden. Damit können an dieser Stelle keine falsifizierbaren Aussagen über mögliche Auswirkungen einer (nahezu) dauerhaften Abwesenheit vom Arbeitsplatz innerhalb des Unternehmens getroffen werden (z. B. soziale Isolation oder fehlende Beziehungen). Allerdings gehen die meisten Experten davon aus, dass die Technik den persönlichen Austausch mit Kollegen keinesfalls ersetzen kann. Als eine weitere Möglichkeit der Flexibilisierung wurden Sabbaticals betrachtet. Diese können zwar für einzelne Bewerber und Beschäftigte interessant sein, stoßen bei der breiten Masse allerdings nicht auf großartige Wirkung bezüglich einer erheblichen Attraktivitätssteigerung oder verstärkten Bindung von Mitarbeitern. (ebd.) Allerdings kann ein solches Angebot zeigen, wie groß die Wertschätzung gegenüber den Beschäftigten ist, da es einer gut organisierten, struk-

[49] Daten, die innerhalb des für die Untersuchung herangezogenen Zeitrahmens lagen und die Einschluss- bzw Ausschlusskriterien erfüllte.

turierten Vorausplanung seitens des Arbeitgebers bedarf, um Sabbaticals überhaupt anbieten zu können – wodurch schließlich die Arbeitgeber-attraktivität auch indirekt durch die besagte Maßnahme möglicherweise gesteigert werden kann. Ob eine solche Überlegung zutrifft, konnte anhand vorhandener Daten nicht festgestellt werden.

Untersucht wurden auch die Auswirkungen von *Entwicklungs- und Weiterbildungsmöglichkeiten* auf das Befinden der Beschäftigten. Für einen positiven Effekt hinsichtlich steigender Zufriedenheit und MA-Bindung sorgen vor allem regelmäßige, persönliche Weiterentwicklungsgespräche, Feedbacks bzw. Leistungsbeurteilungen. Mitarbeiter, mit denen regelmäßig derartige Gespräche geführt werden, weisen eine durchschnittlich höhere Zufriedenheit auf. Die Vermutung liegt nahe, dass dies an dem höheren entgegengebrachten Interesse und damit an einer vermeintlich höheren Wertschätzung liegen kann. Somit spielen auch hierbei die Vorgesetzten eine bedeutende Rolle. Ob zudem die reine Teilnahme bzw. die Möglichkeit der Teilnahme an Weiterbildungsmaßnahmen für höhere Zufriedenheit sorgt, konnte nicht abschließend festgestellt werden. Zwar wiesen MA, welche an solchen Maßnahmen teilnahmen, durchschnittlich ein höheres Commitment auf, (vgl. Kap. 6.5.4) allerdings könnte man hier ebenso gut argumentieren, dass die besagten MA möglicherweise deswegen häufiger teilnehmen, weil sie eben zufriedener sind oder ein höheres Interesse am Unternehmen besitzen. Allerdings spielt die Mitarbeiterentwicklung tendenziell auch für die MA-Zufriedenheit eine zunehmend wichtige Rolle: Beschäftigten wird angesichts des Wandels stetig neue Kompetenzen und Fähigkeiten abverlangt und fühlen sie sich überfordert, weil sie besagte Anforderungen nicht erfüllen können, wodurch zum einen die Zufriedenheit leidet und neben der aufkommenden Unzufriedenheit auch zu gesundheitlichen Beschwerden führen kann. (vgl. Kap. 6.5.1, .2 und .4; Schrank, 2015, S. 109)

Bei der Betrachtung der *Arbeitsplatzgestaltung* stellte sich heraus, dass diese als solche meist nicht explizit in Studien als gewünschter Aspekt auftaucht, wenn es um die Frage nach Arbeitnehmererwartungen hinsichtlich ihres Arbeitgebers bzw. um explizite Maßnahmen zur Steigerung von Mitarbeiterbindung oder -zufriedenheit geht. Indirekt hat sie allerdings einen erheblichen Einfluss darauf, wie die Untersuchung gezeigt hat: Mitarbeiter, die zufrieden mit ihrem Arbeitsumfeld sind, weisen auch ein allgemein höheres Wohlbefinden, stärkere Motivation und Commitment auf (vgl. Kap. 6.6.4) Des Weiteren korreliert die Zufriedenheit mit der Größe oder genauer, mit der Sitzplatzanzahl innerhalb der Büros: Je mehr Arbeitsplätze ein Büro besitzt, desto wahrscheinlicher ist lt. Untersuchung aufkommende Unzufriedenheit, dies deckt sich auch mit dem Wunsch der meisten Beschäftigten nach einem niedrigen Geräusch-pegel. Insofern sind Großraumbüros tendenziell ein Unzufriedenheitsfaktor. Inwiefern sich zudem das, aufgrund der zunehmenden Arbeitsweltflexibilisierung, häufiger werdende „Desk-Sharing-Konzept“[50] auf die MA-Zufriedenheit auswirkt, kann nicht verallgemeinert werden. Es zeigt sich, dass das subjektive Empfinden der einzelnen MA recht unterschiedlich im Hinblick auf ein solches Konzept ist und die Studien-ergebnisse entsprechend uneindeutig sind. Dennoch lässt sich zusammenfassen, dass die Arbeitsplatzgestaltung aufgrund des hohen Stellenwerts der Arbeitsumgebung für das Wohlbefinden der Mitarbeiter ein wohlüberlegtes Konzept sein sollte, das zugleich zu den Arbeitsweisen des Unternehmens und seiner Belegschaft passt. (ebd.)

Zum Einsatz *Betrieblicher Gesundheitsförderung* konnten anhand der Untersuchung ebenfalls keine aussagekräftigen Ergebnisse bezüglich einer eindeutigen Korrelation zwischen eingesetzten Maßnahmen und Arbeitszufriedenheit hergeleitet werden. Dennoch zeigt der Trend einzelner Maßnahmenbetrachtungen eine eher positive Wirkung diesbezüglich auf – schließlich ist die Floskel „Gesunde Mitarbeiter sind zufriedene Mitarbeiter“ nicht von allzu weit hergeholt: Auch die befragten HR-Experten geben „Steigerung der Arbeitszufriedenheit“ neben „Verbesserung des psychischen und physischen Befindens der MA“ als einen der Hauptgründe für den Einsatz von BGF an. (vgl. Kap. 6.7.4)

[50] Innerhalb einer Organisationseinheit existieren weniger Arbeitsplätze als Mitarbeiter, Schreibtische werden somit unter mehreren MA aufgeteilt bzw. zwischen MA gewechselt.

7.1.4 MA-Gesundheit

Wie auch schon zuvor bei der Mitarbeiterzufriedenheit hat eine hohe Identifikation bzw. eine starke Bindung von Beschäftigten zum Unternehmen (und auch zu ihrem Team) einen positiven Einfluss auf deren physisches und psychisches Wohlbefinden. Besonders psychische Gesundheitsfaktoren korrelieren lt. einer umfangreichen Metastudie positiv mit einer ausgeprägten Identifikation der Mitarbeiter. (vgl. Van Dick, 2017, S. 58) Damit kann an dieser Stelle bereits auf die positiven Faktoren für eine emotionale Bindung verwiesen werden (Führungsverhalten, Unternehmenskultur, Betriebsklima; vgl. Kap. 7.1.2), welche im Wesentlichen auch die Gesundheit und das Wohlbefinden der Beschäftigten vorteilhaft beeinflussen können.

Besonders interessant für die Beantwortung der Forschungsfrage sind die gesundheitlichen Auswirkungen im Hinblick auf die zunehmende *Flexibilisierung* in der Arbeitswelt. Die Untersuchung zeigt dabei vor allem bei der individuums-bezogenen flexiblen Arbeitszeitgestaltung einen klaren Trend: Beschäftigte, die ihre Arbeitszeit verstärkt selbst festlegen können, weisen ein höheres Wohlbefinden auf. Sowohl der allgemeine, subjektiv empfundene Gesundheitszustand der Mitarbeiter als auch einzelne physische und psychische Beschwerden korrelieren ausnahmslos in positiver Weise mit einer steigenden Autonomie hinsichtlich der Arbeitszeitgestaltung. (vgl. Kap. 6.4.4) Vermutlich lässt sich dies mit einer weitaus höheren Selbstbestimmung erklären, denn der Mitarbeiter selbst muss sich weniger an etwas fest Vorgegebenes anpassen, sondern passt stattdessen die Arbeitszeit an seine täglichen, individuellen Bedürfnisse an. Entsprechend fallen auch die Ergebnisse der Work-Life-Balance aus, welche ebenfalls auffallend deutlich mit einer steigenden Arbeitszeitflexibilisierung in positiver Weise korrelieren. Ganz so deutlich sind die Ergebnisse einer ortsabhängigen Flexibilisierung der Arbeitsgestaltung nicht. Die Untersuchung zeigt zwar, dass MA, die teilweise mobil oder im Homeoffice arbeiten, häufiger während ihrer Freizeit Arbeitsaufgaben erledigen und zugleich durchschnittlich etwas länger arbeiten, eine Korrelation zu der Gesundheit war dabei allerdings nicht festzustellen – weder in positiver noch in negativer Weise. Allerdings gilt auch an dieser Stelle, wie bereits bei der Untersuchung nach MA-Zufriedenheit, (vgl. Kap. 7.1.3) dass keine untersuchungsrelevanten Daten zu Beschäftigten vorliegen, die fast ausschließlich im Homeoffice oder mobil arbeiten. Entsprechend kann keine Aussage über die gesundheitlichen Auswirkungen aufgrund von verringerten persönlichen Kontakten gemacht werden. Entsprechend lässt sich festhalten, dass besonders eine flexible Arbeitszeitgestaltung, die Arbeitnehmern eine gewisse Autonomie ermöglicht, einen durchaus positiven Effekt auf deren Gesundheit und Wohlbefinden aufweist. Bei der ortsabhängigen Flexibilisierung ist dieser Effekt anhand der Untersuchung nicht festzustellen. (vgl. Kap. 6.4.4)

Da die Gesundheit der Belegschaft, aufgrund zuvor dargestellter Aspekte, (vgl. z. B. Kap. 3.3; Kap. 4; Kap. 6.7.1 und .2) zukünftig einen bedeutenden Anteil an einer nachhaltigen und zukunftsfähigen Unternehmensentwicklung hat, war hinsichtlich der Untersuchung sowohl der aktuelle Stand der eingesetzten *Betrieblichen Gesundheitsförderung* in deutschen Unternehmen als auch deren Wirkung von großem Interesse. Die Untersuchung zeigt, dass der Einsatz von BGF durchaus von der Größe des Unternehmens abhängt. Dies liegt zum einen an meist höheren Budgetaufwendungen für entsprechende Maßnahmen und zum anderen an größeren personellen Ressourcen. Es zeigte sich, dass viele kleinere, aber auch einige größere Unternehmen keine konkreten Zielvorstellungen zu ihrem Gesundheitsmanagement haben. Und dies, obwohl die durchgeführte Untersuchung zeigt, dass eigesetzte Maßnahmen durchaus sinnvoll sein können: Zur Prävention psychischer Erkrankungen bzw. zur Burnout-Prävention sind vor allem bei individuellen Maßnahmen (z. B. Interventionen) sowie bei Kombinationen aus organisationalen und individuellen Maßnahmen eine beachtliche Wirksamkeit festzustellen. Bei Präventionsmaßnahmen für physische Erkrankungen (z. B. Muskel-Skelett-Erkrankungen, Bewegungsapparat) konnte bei Einzelstudien ebenfalls ein positiver Effekt festgestellt werden. Allerdings kann für das reine Maßnahmenangebot keine allgemeine Wirksamkeit nach-gewiesen werden. Zum einen ist die Qualität und Art der Maßnahmen entscheidend, zum anderen die Nutzung des Angebots. Die Untersuchung zeigt, dass angebotene Maßnahmen nicht umfangreich genutzt werden, häufig bilden diejenigen MA, die das Angebot nutzen, lediglich eine kleine Randgruppe. Erwähnenswert ist zudem die Erkenntnis, dass bei körperlichen Übungs- und Kräftigungsprogrammen ein hoher Nutzen für die physische Gesundheit am wahrscheinlichsten ist, falls diese stetig fortgeführt werden. Schulungen und Trainings stellen sich als Präventionsmaßnahmen für die gesunde Belegschaft als eher ungeeignet heraus. (vgl. Kap. 6.7.4)

Des Weiteren gehen viele Experten davon aus, dass auch *Entwicklungsmaßnahmen* zukünftig eine große Rolle in Bezug auf die MA-Gesundheit spielen können, um einer Überforderung und steigendem Stressaufkommen bei sich stetig verändernden Arbeitsanforderungen vorzubeugen. (Kap. 4.2.2; Kap. 6.5.1 und .2) Ein Zusammenhang konnte durch die vorhandenen, untersuchungsrelevanten Daten bei der durchgeführten Untersuchung nicht nachgewiesen werden. Geht man allerdings davon aus, dass diese Annahme korrekt ist, muss über effiziente, zukunftsfähige Methoden nachgedacht werden. Die Untersuchung legt hinsichtlich dessen für das sog. „Mobile Learning" einige Schwierigkeiten offen: Häufig besitzen MA beim Lernen eine hohe Störanfälligkeit und kommen nach kurzen Unterbrechungsphasen oft nur schwer wieder in die Lernphase hinein.

Zur Auswirkung der Arbeitsplatzgestaltung auf die Gesundheit der Mitarbeiter können aus der durchgeführten Untersuchung keine Erkenntnisse abgeleitet werden. Inwiefern ergonomische Aspekte gesundheitsförderlich sind, ist bereits umfangreich bekannt und muss hier nicht explizit untersucht werden. Für interessantere Fragestellungen, beispielsweise ob eine allgemeine Korrelation zwischen mobiler Arbeit und Gesundheit oder aber zwischen besonderen Bürokonzepten sowie speziellen Räumen (z. B. Desk-Sharing, besonderen Pausenräumen, „Creative-Space-Räumen" etc.) und Gesundheit besteht, konnte aufgrund fehlender untersuchungsrelevanter Daten nicht falsifizierbar überprüft werden.

7.1.5 Kritik

Was bei der Betrachtung von eingesetzten und umgesetzten Maßnahmen auffällt, ist, dass häufig besonders weiche Faktoren, die zugleich ein hohes Wirkungspotenzial auf das Wohlergehen und Binden von Mitarbeitern haben, nicht konsequent bzw. zielgerichtet umgesetzt werden. Die Unternehmenskultur wird, wie die Untersuchung zeigt, oft eher unzulänglich umgesetzt. Ausgerufene Soll-Zustände und die tatsächlich „gelebten“ Werte lagen teilweise deutlich auseinander. Besonders Themen wie die innere Kommunikation oder Führung wurden bemängelt. Entsprechend sei eine offene Kommunikation, gerade bei kritischen Themen, zu selten. Aber auch Faktoren wie Wertschätzung und das Geben von Feedbacks werden hinsichtlich der tatsächlichen Umsetzung häufig kritisch betrachtet.

Harte Faktoren werden tendenziell besser umgesetzt – vermutlich, weil sie schlichtweg einfacher und schneller umzusetzen sind und sich Ergebnisse zugleich besser festhalten und messen lassen. Flexible Arbeitszeiten oder die Möglichkeit von Homeoffice sind heute entsprechend weit verbreitet, auch die Umsetzung von Arbeitsplatzgestaltung und -anpassung bedarf augenscheinlich einer entsprechend kürzeren Umsetzungsperiode.

Zukünftig wird die Arbeitswelt voraussichtlich zunehmend flexibler und komplexer, klare Strukturen wohl seltener und definierte Vorgehensweisen somit noch schwieriger umzusetzen. Für eine nachhaltige Unternehmensentwicklung, welche, wie in dieser Arbeit definiert wurde, zu einem Großteil von den Mitarbeitern bzw. von dem Wohlergehen der Mitarbeiter abhängt, besteht weiterhin noch Optimierungsbedarf innerhalb der Unternehmen. Die Untersuchung hat dahingehend auch gezeigt, dass neben den genannten Punkten auch stärker auf individuelle Bedürfnisse eingegangen werden sollte, damit eingesetzte Maßnahmen einen hohen Anklang bei den Beschäftigten finden. Denn wie gezeigt wurde, haben verschiedene Maßnahmen eine höchstunterschiedliche Wirkung auf einzelne MA. (vgl. z. B. Kap. 4.2.4; Kap. 6.4.4; Kap. 6.7.4) Somit sind generalisierte Wirkungsaussagen zu einzelnen Maßnahmen häufig nur eingeschränkt repräsentativ. Des Weiteren birgt besonders die Digitalisierung neben den Schwierigkeiten gleichzeitig ein enormes Potenzial für die Optimierung der hier definierten Zielfaktoren sowie zur Erfüllung von Anforderungen einer nachhaltigen Unternehmensentwicklung.

Im folgenden Kapitel wird zunächst das HRM im Hinblick aufkommender Trends und deren Entwicklungen kritisch betrachtet. Zudem soll abgeschätzt werden, welche Trends möglicherweise zukünftig einen Mehrwert für die hier betrachteten Zielfaktoren haben können. Abschließend sollen einige zukunftsfähige Optimierungsideen als Denkanstoß formuliert werden.

7.2 Kritische Betrachtung eines zukunftsfähigen HRM

In der Untersuchung konnten bei verschiedenen Maßnahmen Umsetzungsschwierigkeiten festgestellt werden (z. B. interne Kommunikation eines Employer Branding oder der Unternehmenskultur). Bei anderen wurde fehlende bzw. nicht ausreichende Unterstützung bemängelt (z. B. Personalentwicklungsmaßnahmen und -angebote). Andere Maßnahmen werden aufgrund fehlender Attraktivität und Anreize nicht oder nur sehr vage genutzt (z. B. BGF). Personaler selbst rechtfertigen sich, indem sie auf begrenzte personelle Ressourcen verweisen. (vgl. 6.7.4; Lüerßen et al., 2015) Dass nicht alles ausnahmslos perfekt läuft, ist menschlich – sagen die einen; veraltete, nicht mehr zeitgemäße Strukturen im HRM – sagen die anderen. Doch wie steht es wirklich um das Personalmanagement? Wie groß sind bestehende Problematiken? Gibt es sie überhaupt? Und wenn ja, wie wirkt man ihnen zukünftig entgegen? Bevor in der Folge einige konkrete Maßnahmenideen als Denkanstoß der Optimierung hinsichtlich der Forschungsfrage formuliert werden, soll zunächst ein Überblick über mögliche strukturelle und organisatorische Problematiken sowie mögliche zukünftige Entwicklungen des HRM auf Basis der neuen Arbeitswelt, insbesondere der digitalen Trends, analysiert werden.

Die anfängliche Frage, der wir uns hier stellen, ist, ob bestehende Trends und Veränderungen auch eine Veränderung des HRM verlangen. Dazu wird zunächst ein kurzer Blick auf vergangene, historische Entwicklungen des HRM gerichtet, um grob einzuschätzen, wie in der Vergangenheit auf größere Entwicklungssprünge reagiert wurde. Die ersten vergleichbaren Personalfunktionen entstanden während der Industrialisierung, aufgrund zunehmender Arbeitnehmerzahlen in einzelnen Organisationen. Die

Tätigkeiten beschränkten sich hierbei auf reine Personal-verwaltung (Einstellung, Entlohnung und Entlassung). Erst um 1930 wurden Mitarbeiter im Zuge der Human Relations Bewegung nicht mehr als willkürlich austauschbarer Produktionsfaktor gesehen. Ab diesem Zeitpunkt wurde der Blick auch stärker auf den Menschen bzw. den MA selbst gerichtet. Im HRM erweiterte sich das rein administrative Aufgabengebiet und kümmerte sich ab etwa 1970 beispielsweise auch vermehrt um „ergonomische Arbeitsplatzgestaltung, Führungskräfteentwicklung und Sozialleistungen" (Hackl & Gerpott, 2015, S. 4). Durch die stetig zunehmende Ausrichtung auf die Bedürfnisse von Mitarbeitern aufgrund der neuen Sichtweise, MA seien ein Schlüsselfaktor für den nachhaltigen Erfolg eines Unternehmens: „Ein Unternehmen kann langfristig nur erfolgreich sein, wenn es die *richtigen* […] Mitarbeiter findet, bindet und weiterentwickelt" (ebd.), bekam das HRM eine zunehmend strategische Rolle, die bedeutend zum Unternehmenserfolg beitragen sollte. Die flächendeckende Einführung von Computern sowie die Erfindung des Internets erleichterten, verbesserten und beschleunigten einerseits standardisierte Administrationsprozesse und öffnete andererseits weitere Anwendungsmöglichkeiten für ein moderneres, strategischer ausgerichtetes HRM. Noch vor der Jahrtausendwende wurde ein Trend des computerbasierten „neuen HRM" durch den Begriff „E-HRM"[51] ausgerufen. (vgl. Parry, 2014, S. 589) Durch Informationsmedien sollten neue Möglichkeiten geebnet werden, darunter das E-Recruiting, E-Administration, E-Learning sowie HR-Portale. (vgl. Hils & Bahner, 2005) Besagte „E-…"-Bezeichnungen tauchen heute in dem Zusammenhang nicht mehr auf, jedoch keineswegs weil sich diese nicht durchgesetzt haben – im Gegenteil – computer- bzw. webgestützten Anwendungen sind heute bekanntermaßen so selbstverständlich, dass eine spezifizierte Bezeichnung schlichtweg unnötig wäre. Hackl und Gerpott fassen die bisherige Entwicklung des HRM entsprechend mit „vom Verwalter zum Gestalter" zusammen. (Hackl & Gerpott, 2015, S. 5)

Allerdings könnten sich die unbestreitbaren Vorteile der Technologien für das HRM als Segen und Fluch zugleich entpuppen: Durch die Technologien ist es heute ein leichtes, viele Aufgaben von extern erledigen zu können. Das gilt eben auch für Auf-

[51] Oder auch „E-HRM" – Electronic Human Resource Management

gaben und Teilbereiche des HRM. Der Markt von sog. Personaldienstleistern wächst stetig, sei es für die klassischen administrativen Aufgaben, wie Personalverwaltung, oder aber auch für das Recruiting und die Entwicklung von Mitarbeitern und Führungskräften sowie Beratungen oder Management auf Zeit (vgl. Neumüller, 2017, S. 756) Nicht selten ist Outsourcing für Personalabteilungen ein negativ besetztes Wort. Allerdings kann das hinzuziehen von externen Dienstleistern häufig auch bedeutende Vorteile mit sich bringen. Dem HRM selbst wird häufig vorgeworfen, es sei nach wie vor zu starr und zu stark auf administrative Prozesse ausgerichtet und greift zu oft auf simple Standardlösungen zurück. (Hackl & Gerpott, 2015, S. 18) Auch in der durchgeführten Untersuchung entstand in einigen Studien der Eindruck, dass im HRM neben den täglichen Routineaufgaben häufig nicht viel zeitlicher Spielraum für neue, kreative Lösungen übrig bleibt. Neben der personellen Knappheit verweisen Hackl und Gerpott auch auf eine oft geringe Entscheidungsfreiheit und darauf, dass strategische Beiträge teilweise nicht ernst genommen werden: „Der strategische Beitrag von HR wird nicht wirklich gelebt, man ist mehr Spielball verschiedener Unternehmensinteressen als Gestalter der Strategieumsetzung“ (2015, S. 18).

Hinsichtlich der aktuellen Kritik wird zugleich über eine Vielzahl von Zukunftsszenarien des HRM in Bezug auf die Digitalisierung diskutiert. Gar über das Ende der heutigen Personalabteilung innerhalb der Unternehmen wird spekuliert. Möglicherweise indem Aufgaben „an den Ort der Wertschöpfung“ verlagert werden, sodass betreffende Personalaufgaben eventuell von Führungskräften mitübernommen werden, da diese näher an den MA dran sind und folglich individueller auf deren Bedürfnisse eingehen können. (vgl. Rückle, 2013, S. 184) Eine weitere Möglichkeit sei eine Zerstückelung des Aufgabengebiets „Personal“, sodass viele kleine „HR-Bausteine“ innerhalb von Unternehmen gezielt zum Lösen hochspezialisierter Aufgaben eingesetzt werden. (ebd.) Unbestritten sind sowohl die administrativen als auch operativen Aufgaben meist ein wichtiger Faktor für einen nachhaltigen Unternehmenserfolg. Auch deshalb ist es viel komplizierter, als bloß zu fordern, das HRM müsse sich zukünftig in die eine oder in die andere Richtung bewegen. Dementsprechend wird hier eine Lösungsmaßnahme betrachtet, die durch Unterstützung oder Beschleunigung des einen Tätigkeitsbereichs mehr Freiheiten für den anderen zulässt. (vgl. Kap. 7.3.2)

Daneben werden aktuell noch viele weitere mögliche Zukunftsszenarien nur zu genüge diskutiert, denkbare Zukunftstrends sogar noch erheblich umfangreicher und vielfältiger – diese Arbeit hat allerdings nicht das Ziel oder den Anspruch darüber zu philosophieren, welches der Szenarien tatsächlich oder am wahrscheinlichsten eintreten wird. Hier geht es darum, um bei der Thematik der Abhandlung zu bleiben, wie die Personalarbeit heute und zukünftig ausgerichtet werden sollte, um möglichst mitarbeiterorientiert und -fokussiert (Bindung, Begeisterung und Gesundheit) eine nachhaltige Unternehmensentwicklung zu unterstützen. Dementsprechend wird der Fokus auf die Trends und Möglichkeiten gerichtet, die das Potenzial dazu haben, einen bedeutenden Mehrwert hinsichtlich des Wohlergehens und der Gesundheit von MA liefern zu können.

7.3 Nachhaltige Optimierungsstrategien

Die eine optimale Lösung zur Begeisterung und Gesunderhaltung aller Mitarbeiter für eine nachhaltige Entwicklung aller Unternehmen wird es nicht geben. Deswegen ist es wichtig, über zahlreiche Optimierungsmaßnahmen in verschiedenen Bereichen eine möglichst optimale Entwicklung herbeizuführen. Ansätze für solche Optimierungsmaßnahmen sollen auf Grundlage der Maßnahmenanalyse aus Kapitel 6 bzw. 7.1 konstruiert werden. Entsprechend soll vor allem bei solchen Strategien der Hebel angesetzt werden, bei denen die größte Wirkung zu erzielen ist – sowohl in positive als auch in negativer Weise. Das bedeutet, Maßnahmen, die besonders effektiv sind, um Beschäftigte zu begeistern, emotional zu binden bzw. sie langfristig gesund zu halten, sollen weiter optimiert werden, um nachhaltig einen bestmöglichen Einfluss auf die Zielfaktoren zu haben. Maßnahmen, die bei Nichterfüllung besonders negative Folgen haben, müssen ebenso berücksichtigt werden, besonders weil sich negative Erlebnisse – vielen empirischen Untersuchungen zufolge – stärker auf das Befinden der Mitarbeiter auswirken, als es positive tun. (Frank, 2010, S. 102) Entsprechend sei die Vermeidung von negativ Empfundenem ebenso beachtenswert wie das Erfüllen von Mitarbeitererwartungen. In den vorherigen Bewertungen stellte sich beispielsweise schlechte Führung bzw. eine schlechte Beziehung zu Vorgesetzten als einer der Hauptgründe heraus, weshalb MA den Arbeitgeber verlassen. (vgl. z. B. Kampkötter et al., 2015, S. 15) – ganz nach dem Motto „Ein erfolgreiches Unternehmen zieht gute Mitarbeiter an. Doch mit schlechten Vorgesetzten verliert es sie wieder!" (Wolf, 2016, S. 105)

Die durchgeführte Untersuchung im Rahmen dieser Arbeit deutet darauf hin, dass bereits heute, vor allem aber in näherer Zukunft der Blick auf die richtige Führungs- und Lernkultur eine bedeutende Rolle spielt, um Beschäftigte zu begeistern und eine nachhaltige Unternehmensentwicklung zu unterstützen. Schließlich gilt Deutschland als Wissensgesellschaft, d.h. die Wertschöpfung erfolgt zu großem Maße durch die Innovationsfähigkeit der Menschen bzw. der Mitarbeiter. Somit sollten Strukturen und Maßnahmen für eine stetige Entwicklung und Bildung nachhaltig gefördert werden.

Vollständigkeitshalber ist hier anzumerken, dass bei den folgenden Optimierungsstrategien – trotz des hohen Wirkungsgrades des Führungsverhaltens auf die definierten Zielfaktoren – nicht näher auf selbiges eingegangen wird. Dies wird damit begründet, dass die gegenwärtige Diskussion in Forschung und Praxis über eine geeignete Führungskultur derart ausgeprägt ist, dass dem Anspruch der notwendigen Tiefgründigkeit zu Kenntnissen einzelner Führungsweisen aufgrund der hohen Komplexität des Forschungsgebiets an dieser Stelle nicht gerecht werden könnte. Besonders der Diskurs über veraltete, aber stets vorherrschende Führungsstrukturen in Deutschland ist hier anzumerken. Viele fordern einen Paradigmenwechsel und sehen die Zukunft verstärkt in einer wenigen hierarchischeren Ausrichtung. Das sog. digital Leadership soll beispielsweise den Weg für eine bessere und effektivere „Führung" in zunehmend virtuellen, vernetzten Strukturen ebnen. (Brandes-Visbeck & Gensinger, 2017, S. 57 ff.) Es wurde dennoch gezeigt, dass dieser Thematik aufgrund der ausgeprägten Wirkung höchste Aufmerksamkeit hinsichtlich einer nachhaltigen Unternehmensentwicklung gewidmet werden sollte. Auf eine repräsentative Wertung, welches beispielsweise das geeignetere Führungsverhalten ist, wird folglich bewusst verzichtet. Womit auch keine nähere Optimierungsmaßnahme hinsichtlich einer nachhaltigen Führungskultur formuliert wird. An dieser Stelle lässt sich dennoch anmerken, dass in der Untersuchung ersichtlich wurde, dass eine gute Kommunikation sowie das Geben von Feedbacks und das Zeigen von Wertschätzung nach wie vor einen hohen Stellenwert bei vielen Beschäftigten haben. In der Folge werden einige mögliche, zukunftsfähige Maßnahmen und Trends für eine nachhaltige Unternehmensentwicklung betrachtet.

7.3.1 Interne, digitale Community schaffen

Communitys[52] liegen im heutigen, digitalen Zeitalter enorm im Trend und sind zukünftig auch nicht mehr wegzudenken. In einer digitalen Community kann die Kommunikation über verschiedene Kanäle (Web, Smartphone etc.) und Plattformen (soziale Medien, Blogs, Foren etc.) erfolgen. (vgl. Tanasic & Casaretto, 2017, S. 3) Das Schaffen einer solchen unternehmensinternen Community kann einen bedeutenden Mehrwert für einen Teil der zuvor identifizierten Problematiken bzw. Herausforderungen leisten – die Liste an Anwendungsszenarien ist dabei äußerst umfangreich. Um nur einige Beispiele zu nennen, könnten Probleme möglicherweise schneller und effizienter gelöst werden. Schließlich sind MA interdisziplinär miteinander vernetzt, wodurch gleichzeitig ein breiter Wissensbestand innerhalb dieser Community gebündelt werden kann. Tritt beispielsweise ein komplexes Problem auf, besteht die Möglichkeit, dass dieses einem anderen MA bereits bekannt ist und kann entsprechend effizienter behoben werden. Auf ähnliche Weise hat z. B. die IT-Verbundsgruppe Synaxon AG ihr Wissensmanagement revolutioniert und am Beispiel von Wikipedia das Unternehmenswissen (lt. Management) sehr erfolgreich in einer „Wiki" gebündelt: MA seien dadurch motivierter und bringen sich zudem stärker in Entscheidungen ein. (vgl. Tanasic & Casaretto, 2017, S. 25) Zudem könnten auf simple Weise Ideen gesammelt und diskutiert werden, wodurch sich möglicherweise auch ein gewisses zusätzliches Gemeinschaftsgefühl entwickeln kann. Auch virtuelle Teams oder inter-

[52] „Gemeinschaft, Gruppe von Menschen, die ein gemeinsames Ziel verfolgen, gemeinsame Interessen pflegen, sich gemeinsamen Wertvorstellungen verpflichtet fühlen (besonders der Nutzer im Internet)" (Dudenredaktion, 2017).

disziplinäre Teams könnten einfacher organisiert und gemanagt werden. Neben dem Kompetenz- bzw. Wissenszuwachs für MA lassen sich innerhalb solcher Plattformen auch problemlos sog. „Selfservices" einrichten, die administrative Personalprozesse beschleunigen. Beispielsweise könnten MA innerhalb dieser Plattform[53] Urlaubsformulare, Weiterbildungsformulare oder andere Personalthemen direkt ausfüllen und sekundenschnell beantragen. (ebd., S. 95) Neue MA könnten zudem (möglicherweise schön vor Arbeitsantritt – vgl. Onboarding) schneller Anschluss finden und kranke MA, MA in Elternzeit oder auch MA im Ruhestand etc. würden den Kontakt zu ihren Kollegen und den Arbeitsinhalten für die bestimmte Dauer nicht gänzlich verlieren. (ebd.) Interne Communitys erfüllen somit die Anforderungen heutiger Arbeitswelten und könnten mit relativ wenig Aufwand einen großen Nutzen bringen.

7.3.2 Zeiteinsparung im HRM für mehr kreative Freiheit

In der durchgeführten Untersuchung (vgl. Kap. 6), wie auch in der vorherigen kritischen Betrachtung des HRM (vgl. Kap. 7.2), wurde die häufig personelle und in der Folge zeitliche Knappheit des HRM thematisiert. Gleichzeitig wird jedoch die Forderung nach einer zukünftig noch stärkeren strategischen, agileren und kreativeren Ausrichtung laut, um zukünftige Anforderungen bewältigen und die Arbeitsbedingungen positiv beeinflussen zu können. (ebd.) Da die Lösung einer schlichten Personalaufstockung aufgrund der Kosteneinsparung in den Unternehmen hier außer Acht gelassen wird, werden andere Möglichkeiten betrachtet, um die Personaler gerade in besagten standardisierten, administrativen Prozessen, die nicht sonderlich maßgebend für die Erreichung der hier definierten Zielfaktoren sind, zu entlasten.

Eine Möglichkeit ist im vorherigen Teilkapitel bereits dargestellt worden: Der sog. Employee Self Service (ESS), mit dem MA ihre eigenen Daten beispielsweise zu einem großen Teil selbst verwalten können und die Personalverwaltung so zeitlich entlasten.[54] Viele Experten gehen davon aus, dass sich administrative Prozesse zukünftig zu einem hohen Anteil automatisieren lassen, (John, 2016) wodurch das HRM den

[53] z. B. Schutz sensibler Unternehmensdaten durch beschränkten Zugriff auf Unternehmensserver

[54] Für weiterführende Informationen siehe z. B. M. Müller; Fachartikel online (http://www.personal management.info/hr-know-how/fachartikel/detail/employee-self-service-portale-ess/)

Blick stärker auf strategische Aufgaben richten könnte. Letztlich müssen zu starre Strukturen auf Kosten der Beschäftigten (z. B. durch unzureichende Maßnahmenumsetzungen) zukünftig aufgebrochen werden.

So könnte bis dahin auch der Einsatz von externen Personaldienstleistern bzw. Outsourcing eine sinnvolle Alternative hinsichtlich einer nachhaltigen Entwicklung sein, welche in der gegenwärtigen Arbeitswelt auch schon umfangreich eingesetzt wird. Trotz des oft negativen Beigeschmackes für die HR-Abteilung selbst (vgl. Kap. 7.2) können die MA des Unternehmens davon stark profitieren. Entweder können administrative Aufgaben abgegeben werden, sodass Beschäftigte des Human Resource mehr Zeit für kreativere und strategische Aufgaben haben, oder aber die beratende/strategische Arbeit wird (teilweise) abgegeben und von externen Experten bzw. Dienstleistern übernommen. So könnten diese beispielsweise gezielt zur Führungskräfte- oder Mitarbeiterentwicklung hinzugezogen werden. Ist es denn nicht sinnvoller externe Unterstützung in Anspruch zu nehmen, als die (wesentlichen) Aufgaben zu vernachlässigen?

In allen Fällen sollte in erster Linie an das Wohl der Belegschaft gedacht werden. Zukünftig wird unter anderem auch hinsichtlich besagter, zeitsparender Maßnahmen der sog. Künstlichen Intelligenz (KI) bedeutendes Potenzial vorausgesagt. Die Anwendungsmöglichkeiten von Künstlicher Intelligenz zur Optimierung der hier betrachteten Zielfaktoren, werden im anschließenden Unterkapitel kurz betrachtet. Möglicherweise könnte das HRM durch größere Freiheiten der Arbeitsabläufe sowie der Zeiteinsparung der Arbeitsabläufe über die häufig überwiegend operative bzw. administrative Rolle hinauskommen und mehr Arbeitskräfte für strategischere und kreativere Maßnahmen aufwenden.

7.3.3 IBM Watson – Künstliche Intelligenz für komplexe analytische Aufgaben

Künstliche Intelligenz (KI) – „Artificial Intelligence is the study of how to make computers do things at which, at the moment, people are better“ (Rich, 1983; zitiert nach Ertel, 2016, S. 2) – ist demnach die Forschung, wie Maschinen und Computer Dinge erledigen können, die Menschen momentan noch besser können. Um in diesem

Unterkapitel nicht zu sehr auszuschweifen, soll lediglich ein kurzer Ausblick gegeben werden, inwiefern dieses Forschungsgebiet zur Optimierung der Personalpolitik beitragen kann. IBM Watson ist ein Paradebeispiel dieses Forschungsgebiets und hat schon unter Beweis gestellt, was zukünftig möglich sein wird.[55] Dass dadurch administrative Prozesse größtenteils übernommen werden können und die Beschäftigten des HRM dadurch entlastet werden, wurde zuvor bereits erörtert. Auch für Beschäftigte und Führungskräfte kann beispielsweise eine gezielte Analyse und Filterung von E-Mails für große zeitliche Entlastung in der heutigen so zeitintensiven E-Mail-Kultur beitragen, (vgl. Goebel, 2014, S. 109) was folglich für die Beschäftigten zu weniger Belastung und Stress führen könnte.

Doch in KI steckt noch weitaus größeres Potenzial. Beispielsweise können dadurch sog. „Chatbots"[56] zur Kommunikation (im Kundenservice oder für Bewerber) ebenfalls effizient und zeitsparend eingesetzt werden – oder, um noch einen Schritt weiter zu gehen, wird gegenwärtig eine „People Analystics solution" entwickelt. Dies wäre eine Möglichkeit durch KI ein wesentlich besseres Bild von den einzelnen Mitarbeitern des Unternehmens zu generieren, um in der Folge viel präziser auf die individuellen Bedürfnisse jedes Mitarbeiters eingehen zu können. (vgl. Mahurkar, 2017) Dies wäre eine revolutionäre Lösung zur effizienten Ausweitung von Mitarbeiterzufriedenheit, denn gerade die geforderte Individualisierung hinsichtlich aller Personalmaßnahmen könnte mit äußerst geringem Aufwand umgesetzt werden. (vgl. Neumüller, 2017, S. 760; Hackl & Gerpott, 2015, S. 37) Mit einem solch effizienten System könnten beispielsweise individuell zugeschnittene Anreizsysteme geschaffen werden und auf individuelle Mitarbeiterbedürfnisse könnte punktuell eingegangen werden. Bei der Anwendung von KI wird eine äußerst große Datenmenge vorausgesetzt, die sog. „BigData" ist folglich entscheidend für einen erfolgreichen Einsatz.

[55] Gewann u.a. bereits 2011 die Quizshow Jeopardy. (siehe z. B. https://www.ibm.com/watson)

[56] Dialogsysteme mit sprachlichen Fähigkeiten

7.3.4 Learning on Demand und VR-Brillen

In der durchgeführten Untersuchung wurde ersichtlich, dass sowohl Arbeitnehmer als auch Arbeitgeber davon ausgehen, dass zukünftig dem lebenslangen Lernen mehr Aufmerksamkeit gewidmet werden muss (vgl. Kap. 6.5.4) – auch um Überforderungen und überhöhtes Stressaufkommen zu vermeiden. (vgl. Kap. 7.4) Durch die wachsenden Kompetenzanforderungen in der heutigen Arbeitswelt haben geeignete Maßnahmen, welche eine stetige Personalentwicklung und Bildung unterstützen, einen besonderen Mehrwert. Denn die Untersuchung zeigte auch, dass effektives Lernen vielen Beschäftigten relativ schwerfällt. (vgl. Kap 6.5.4) Umso bedenklicher ist die klassische Struktur des „Lernens auf Vorrat" (angebotsorientiert) – denn der Großteil des Gelernten kommt in der Praxis häufig nicht einmal zu tragen und wenn es doch gebraucht wird, dann ist es meist zu lange her, um das Wissen effektiv anwenden zu können.

Der Problematik soll das sog. „Learning on Demand" entgegenwirken. D.h. ein „Just-in-time-Lernen" erfolgt nachfrageorientiert und auf das zu lösende Problem spezifiziert. Allerdings hat sich diese Methode, über die schon seit länger Zeit diskutiert wurde, (noch) nicht durchgesetzt – vermutlich auch, weil, wie die Untersuchung gezeigt hat, ein mobiles Lernen (vor allem während der Arbeitszeit) aufgrund der hohen Störungsanfälligkeit häufig nicht sehr effektiv war. (ebd.) Die Untersuchung zeigte jedoch auch, dass Lernen aus Freude und mit Begeisterung viel effizienter erfolgt. (ebd.) Dementsprechend beläuft sich die Idee dahingehend, Faszination für den Lernprozess zu schaffen. Dies kann beispielsweise unter der Verwendung von sog. VR[57]-Brillen umgesetzt werden. MA könnten sich so höchst praxis- und problemorientiert Weiterbilden. Beispielsweise kann der Lernprozess durch eine virtuelle Darstellung anwendungsgleich betrachtet werden (vgl. Virtual Prototyping[58]) oder je nach Problemstellung, wäre sogar das aktive, virtuelle Durch-laufen des Problemprozesses denkbar, was schon beinahe einem videospiel-ähnlichem Lernprozess gleichkommen würde. Eine Bereitstellung relevanter Daten könnte ebenfalls in Verbindung mit der zuvor betrachteten „Big Data" oder „KI" erfolgen. Das besagte Equipment der „VR-

57 Virtual Reality

58 Nachbau eines „physischen Prototyps" in der virtuellen Welt. (siehe z. B. www.viprosim.de)

Brillen“ könnte zudem auch für weitere Anwendungsfelder genutzt werden. Neben möglichen virtuellen Meetings, um bestimmte Beispiele auf besonders anschauliche Art realitätsgetreu erläutern zu können – wäre es auch möglich, den MA beispielsweise eine 20-minütige Pause mitten im Urlaubsparadies zu ermöglichen, wodurch auch dem Arbeitgeber wohl wiederum eine besondere Aufmerksamkeit zuteilwerden würde. Welcher MA würde zu Hause und bei Freunden nicht davon schwärmen, seine Mittagspause an der Copacabana verbracht zu haben? Die Anwendungsmöglichkeiten zukünftiger Technologien erscheinen nahezu grenzenlos – sowohl um das Wohlergehen der Beschäftigten zu fördern, aber auch, um als Arbeitgeber auf sich aufmerksam zu machen. (vgl. Employer Branding, Kap. 6.2)

7.3.5 Idee neuer Anreizsysteme zur sportlichen Betätigung der MA

Die Analyse hat gezeigt, dass Betriebliche Gesundheitsförderung durchaus wirkungsvoll sein kann. Gerade für Bürotätigkeiten, bei denen einseitige, statische Belastungen durch Bewegungsmangel auf Dauer Erkrankungen des Bewegungs-apparats herbeiführen können, ist eine zusätzliche körperliche Betätigung unerlässlich. (vgl. Lampert, Mensink & Ziese, 2005, S. 1.359 f.) Da die Arbeit an den Bildschirmen hinsichtlich der Digitalisierung mit hoher Wahrscheinlichkeit weiter zunehmen wird, ist es von essenzieller Wichtigkeit, hier zukünftig anzusetzen. Neben gesundheitlichen Vorteilen konnten sogar positive Auswirkungen auf das Wohlbefinden und die Arbeitszufriedenheit von Beschäftigten nachgewiesen werden. Die Untersuchung hat gezeigt, dass bisherige präventive Förderprogramme durchaus positive gesundheitliche Effekte hervorrufen können, allerdings zeigte sie auch die meist nur vage Nutzung solcher Angebote. Zudem stellten sich körperliche Übungs- und Kräftigungsprogramme (im Gegensatz zu Schulungen und Trainings) als besonders wirksam heraus, falls diese kontinuierlich fortgeführt werden. Jedoch fehlt vielen Menschen die Konsequenz, sich dauerhaft regelmäßig sportlich zu betätigen – sei es aus zeitlichen Gründen oder schlichtweg aus Bequemlichkeit. Angebote, wie Betriebssport oder firmeneigene Fitnessstudios werden folglich meist nur von einer kleinen Randgruppe der Beschäftigten genutzt. Dementsprechend kann es sinnvoll sein, als Arbeitgeber weitere Anreize zu schaffen, um eine breitere Masse ansprechen zu können – schließlich profitiert ein Unternehmen im besonderen Maße von einer gesunden Belegschaft. (vgl. ROI in Kapitel 6.7.4)

Betrachtet man heutige Technologien, so tun sich für das HR-Management ganz neue Möglichkeiten auf, um Beschäftigte zu einem gesünderen Lebensstil zu bewegen. Und damit sind keine, oft lästigen Videoschulungen oder -trainings gemeint, die spätestens in der darauffolgenden Woche wieder in Vergessenheit geraten. (vgl. Pieper et al., 2015, S. 61) Wieso verbindet man nicht das, was lt. Untersuchungen die Attraktivität eines Arbeitgebers steigert, mit dem, was ein Arbeitgeber selbst gerne sieht – eine gesunde Belegschaft. So wäre es doch möglich, durch beispielsweise moderne Fitness-Tracker ein zeitgemäßes Anreizsystem zu schaffen, um Beschäftigte zu einem gesünderen Lebensstil anzuregen. Bei den Anreizen soll es dabei weniger um monetäre Prämien, sondern mehr darum gehen, dass MA einen zusätzlichen Sinn hinter einer körperlichen Freizeitbetätigung geliefert bekommen. Dafür werden zwei Vorschläge als Anregung vorgestellt:

Zum einen könnten ganz nach dem Beispiel von sog. Firmen- oder Spendenläufen in diesem Fall nun regelmäßig ein variabler Betrag an soziale Projekte oder Einrichtungen gespendet werden. Die Höhe der Spenden wird durch die Aktivität der Mitarbeiter in deren Freizeit bestimmt. Zudem wird die Aktion nicht auf wenige, einzelne Tage begrenzt, sondern findet quasi kontinuierlich statt. So könnten sich Mitarbeiter allein dadurch sozial engagieren, indem sie sich selbst fit und gesund halten. Ohnehin ist die sog. „Sinnhaftigkeit" ein sehr aktuelles Thema, die gerade hinsichtlich jüngerer Generation zunehmend in den Blickpunkt rückt. Gerade der Generation Y wird gerne unterstellt, sie wollen einen Sinn darin sehen, was sie tun. (vgl. Otto & Remdisch, 2015, S. 52) Das Unternehmen profitiert im doppeltem Maße von dieser Überlegung: einerseits kann die Attraktivität als sozial engagiertes Unternehmen weiter gesteigert werden und andererseits kann der Krankenstand durch gesündere Mitarbeiter zunehmend gesenkt werden. Ohnehin engagieren sich viele Unternehmen besonders für lokale Projekte – wieso sollten die eigenen Mitarbeiter also nicht direkt darin involviert werden? Möglicherweise regt dies sogar das Zugehörigkeits- bzw. Gemeinschaftsgefühl an und verstärkt die Bindung der Arbeitnehmer zu ihrem Unternehmen.

Denn wer hat nicht gerne einen Arbeitgeber, der sich einerseits sozial engagiert und dem auf der anderen Seite die Gesundheit seiner MA am Herzen liegt.

Eine weitere Möglichkeit bestünde darin, Mitarbeitern die Möglichkeit zu bieten, sich zusätzliche Urlaubstage zu „verdienen" – abhängig von deren sportlicher Freizeitaktivität. Man könnte dies natürlich auch als „Aufwandsentschädigung" der aufgewendeten Zeit ansehen oder aber ganz einfach als großzügige Anregung dafür, dass sich der MA gesund hält und infolgedessen vermutlich langfristig weniger Krankheitstage zu verzeichnen hat – eine Zielvorstellung, von der sowohl Unternehmen als auch MA erheblich profitieren. Die reale Arbeits- bzw. Anwesenheitszeit der einzelnen MA ist durch den Ausgleich von wegfallenden Krankentagen und zusätzlichen Urlaubstagen vermutlich nicht der ausschlaggebende Punkt, sondern viel mehr das nachweislich höhere Wohlbefinden von MA bei einer gesünderen Lebensweise. Dementsprechend könnte sowohl die Leistungsbereitschaft als auch die Motivation und Zufriedenheit der Arbeitnehmer gesteigert werden. (vgl. z. B. Lüerßen et al., 2015)

Doch wie plausibel erscheint ein Einsatz solch einer Maßnahme? Technisch gesehen steht einer Umsetzung nichts im Wege. Einfache Fitness-Tracker mit passenden Software-Applikationen würden die Mindestvoraussetzungen dafür bereits abdecken. Auch der organisatorische Aufwand erscheint vergleichsweise minimal. Kritischer zu betrachten ist sicherlich die Datensicherheit von personenbezogenen Daten sowie die mögliche Unterstellung der Kontrolle durch den Arbeitnehmer. Sicherlich wird es dahingehend immer kritische Stimmen geben. Letztlich ist dies aber auch eine Nebenerscheinung des digitalen Zeitalters – zu dem das Sammeln und Nutzen von Daten (Stichwort Big Data) zukünftig dazugehören wird. Zumal das oben dargestellte Angebot auf einer freiwilligen Basis der Arbeitnehmer beruht. Aber auch bei anhaltender Datenschutzkritik könnte man Lösungen erarbeiten: Beispielsweise ist im ersten Szenario „Bewegung zur Unterstützung sozialer Projekte" das Ergebnis des einzelnen Mitarbeiters prinzipiell überhaupt nicht relevant. So könnten Einzeldaten anonymisiert übertragen und zum Gruppengesamtergebnis gebündelt werden, da letztendlich nur das Gesamtergebnis für die Höhe des Spendenbetrags ausschlaggebend wäre.

8 Fazit

Das Ziel der vorliegenden Arbeit war es, zu untersuchen, auf welche Weise eine nachhaltige Unternehmensentwicklung durch geeignete Personalmaßnahmen optimierend unterstützt werden kann. Aus der Definition der internen sozialen Nachhaltigkeit wurde abgeleitet, dass eine solche Unterstützung durch ein gesteigertes, langfristiges Wohlbefinden der Beschäftigten erzielt werden könne. Um das besagte „langfristige Wohlbefinden" von Beschäftigten transparenter und präzisierter untersuchen zu können, erfolgte die Einteilung in die drei Zielfaktoren „emotionale Bindung", „Zufriedenheit" sowie „physische und psychische Gesundheit". Der Anspruch bestand folglich darin, Optimierungsmaßnahmen für eine Entwicklung zu identifizieren, durch welche die MA ihre Tätigkeit bestenfalls nicht lediglich als Mittel zum Zweck sehen, sondern dieser aus innerer Überzeugung, mit Freude und mit Begeisterung nachgehen.

Die durchgeführte Untersuchung aktueller Sekundärstudien sollte Aufschluss darüber bringen, inwiefern verschieden eingesetzte Maßnahmen und Strategien in der gegenwärtigen Arbeitswelt umgesetzt werden und vor allem, in welcher Weise sie das angesprochene Wohlergehen der Beschäftigten beeinflussen. Einen besonders hohen Wirkungsgrad auf die definierten Zielfaktoren wiesen dabei beispielsweise – sowohl in positive als auch in negative Richtung – die angewandte Führungskultur sowie die Beziehung zu Führungskräften und Kollegen, aber vor allem auch die vorherrschende Unternehmenskultur auf. Letztlich hat die Untersuchung aber auch gezeigt, dass eine Verallgemeinerung der Wirkung bestimmter Maßnahmen i.d.R. nicht zielführend sein kann. In der heutigen und zukünftigen Arbeitswelt wird es, u. a. aufgrund zunehmender Diversität und das höchstunterschiedlich, subjektive Empfinden des Einzelnen, zunehmend wichtiger, verstärkt auf individuelle Bedürfnisse einzugehen – eine Maßnahme, die für den einen höchstmotivierend ist, kann für den nächsten bereits eine komplett gegensätzliche Wirkung aufweisen. Dies konnte auch bei der Untersuchung vermehrt festgestellt werden. Besonders auffällig wird dies in der Diskussion über eine geeignete und zukunftsfähige Führungskultur. Viele sehen die klassische, hierarchische Ausrichtung, wie sie gegenwärtig in Deutschland stets verbreitet vorzufinden ist, als veraltet und nicht mehr zeitgemäß. Einige sprechen sogar von einem enormen, zukünftigen Wettbewerbsnachteil aufgrund zu starrer Strukturen. Klar ist aber auch, dass viele Beschäftigte angeben, stets geführt werden zu wollen und eben nicht darauf aus sind, ausschließlich eigenverantwortlich und selbstbestimmt zu arbeiten. Bereits an diesem Beispiel lassen sich die Schwierigkeiten erkennen, denen sich die Unternehmen und insbesondere das HRM stellen müssen, um geeignete Strukturen für eine nachhaltige Entwicklung zu errichten.

Großes Potenzial zur Unterstützung einer nachhaltigen Entwicklung wird in den fortschreitenden Technologien gesehen, wie es auch in den zuvor formulierten möglichen Optimierungsmaßnahmen angedeutet wurde. Allerdings stehen auch dieser Annahme einige kritische Stimmen gegenüber. Diese betrachten Innovationen beispielsweise eher als Jobkiller oder als Faktoren, die steigende Kompetenzen voraussetzen und folglich Mitarbeitern höhere Anforderungen abverlangen. Sicherlich wird die Digitalisierung durch neue Technologien einige Jobs (disruptiv) ersetzen. Schaut man in die Vergangenheit, so ist dies in der Geschichte immer wieder passiert. Dennoch haben sie häufig auch zu einer Erleichterung des Alltags und zu einer Verbesserung des allgemeinen Lebensstandards geführt.

Zusammenfassend lässt sich damit sagen, dass es ein „Wundermittel“ bzw. die eine „optimale Strategie“, die zu komplettem Wohlergehen aller Beschäftigten führt, nicht geben wird – viel zu unterschiedlich sind die Bedürfnisse und Ansichten des Einzelnen. Dennoch gibt es bestimmte Faktoren in der Arbeitswelt, die zumindest bei einem Großteil auf Einklang stoßen. Denn gerade weiche Faktoren, wie ein gutes Betriebsklima, gute Kommunikation sowie das Empfinden von Wertschätzung und Feedbacks, haben, wie die Untersuchung zeigte, stets einen hohen Stellenwert bei den meisten Beschäftigten. Unternehmen müssen versuchen, die für ihre Unternehmenskultur optimalen Maßnahmen zu identifizieren und sich möglicherweise auch durch die stetige Erkundigung bei der Belegschaft, an eine möglichst nachhaltige und zukunftsfähige Entwicklung „herantasten“.

Literaturverzeichnis

Amlinger-Chatterjee, M. & Wöhrmann, A. M. (2017). Flexible Arbeitszeiten. *Zeitschrift für Arbeitswissenschaft, 71* (1), 39–51. https://doi.org/10.1007/s41449-017-0047-x.

Amstutz, S. & Schwehr, P. (2015). *Human Office. Arbeitswelten im Diskurs* (Publikationsreihe CCTP, Bd. 5). Zürich: vdf Hochsch.-Verl. an der ETH.

Avantgarde Experts. (2017). *Studie zur Arbeitszufriedenheit in Deutschland 2017. Arbeit und Glück 2017,* Avantgarde Experts. Zugriff am 25.02.2018. Verfügbar unter https://www.avantgarde-experts.de/studie-arbeitszufriedenheit-deutschland-2017.

Bauer, H.-C., Kahlenberg, C., Köster-Brons, C., Mezger, H.-O. & Nies, C. (2017). *randstadpolitikbrief* (Randstad Deutschland GmbH & Co. KG, Hrsg.). Radstad und ifo-Institut. Zugriff am 06.03.2018. Verfügbar unter https://www.randstad.de/workforce360/archiv/home-office-ueberzeugt-vor-allem-muetter.

Bauer, W., Rief, S., Jurecic, M., Kelter, J. & Stolze, D. (2014). *Kurzbericht zur Studie >Office Settings<. Die Rolle der Arbeitsumgebung in einer hyperflexiblen Arbeitswelt.* Ergebnisse aus dem Verbundforschungsprojekt Office 21. Fraunhofer-Institution für Arbeitswirtschaft und Organisation IAO. Zugriff am 18.12.2017. Verfügbar unter https://www.office21.de/Office21/wp-content/uploads/2017/10/ Fraunhofer-IAO_Kurzbericht_Office-Settings.pdf.

Baumast, A. & Pape, J. (Hrsg.). (2013). *Betriebliches Nachhaltigkeitsmanagement. 19 Tabellen* (UTB, Bd. 3676). Stuttgart: Ulmer.

Bea, F. X. & Haas, J. (2017). *Strategisches Management* (UTB, Bd. 8498, 9., überarbeitete Auflage). Konstanz: UVK Verlagsgesellschaft mbh; UVK/Lucius.

Beck, D. & Lenhardt, U. (2016). Betriebliche Gesundheitsförderung in Deutschland. Verbreitung und Inanspruchnahme. Ergebnisse der BIBB/BAuA-Erwerbstätigenbefragungen 2006 und 2012. *Gesundheitswesen (Bundesverband der Arzte des Offentlichen Gesundheitsdienstes (Germany)), 78* (1), 56–62. https://doi.org/10.1055/s-0034-1387744.

Bengler, K. & Schmauder, M. (2016). Digitalisierung. *Zeitschrift für Arbeitswissen-*

schaft, 70 (2), 75–76. https://doi.org/10.1007/s41449-016-0021-z.

Berchtold-Ledergerber, V. (2010). Arbeitsmotivation und Arbeitszufriedenheit. In B. Werkmann-Karcher & J. Rietiker (Hrsg.), *Angewandte Psychologie für das Human Resource Management* (S. 165–178). Berlin, Heidelberg: Springer Berlin Heidelberg.

Blessin, B. & Wick, A. (2017). *Führen und führen lassen* (UTB, UTB-Nr. 8532, 8. überarbeitete Auflage). Konstanz: UVK Verlagsgesellschaft mbh; UVK/Lucius.

BlessingWhite Research. (2013). Employee-Engagement-Research-Report-2013. Beyond the numbers: A practical approach for individuals, managers and executives. Zugriff am 08.11.2017. Verfügbar unter http://blessingwhite.com/re search-report/2013/01/01/employee-engagement-research-report-update-jan-2013/.

DIN ISO, 26000. *CSR DIN ISO 26000*. Bonn.

BMAS - Bundesministerium für Arbeit und Soziales. (Juli 2013). Arbeitsmarktprognose 2030, *2013*. Zugriff am 11.10.2017. Verfügbar unter http://www.bmas.de/Shared Docs/Downloads/DE/PDF-Publikationen/a756-arbeitsmarktprognose-2030.pdf?__ blob=publicationFile.

Bonin, H., Gregory, T. & Zierahn, U. (2015). *Übertragung der Studie von Frey/Osborne (2013) auf Deutschland. Endbericht, Kurzexpertise Nr. 57*. Mannheim: Zentrum für europäische Wirtschaftsforschung GmbH (ZEW). Zugriff am 04.12.2017. Verfügbar unter http://ftp.zew.de/pub/zew-docs/gutachten/Kurze xpertise_BMAS_ ZEW2015.pdf.

Bower, M. (1966). *The will to manage. Corporate success through programmed management*. New York: McGraw-Hill.

Brandes-Visbeck, C. & Gensinger, I. (2017). *Netzwerk schlägt Hierarchie. Neue Führung mit Digital Leadership*. München: Redline Verlag.

Brooks, M. E., Highhouse, S., Russell, S. S. & Mohr, D. C. (2003). Familiarity, ambivalence, and firm reputation. Is corporate fame a double-edged sword? *The Journal of applied psychology, 88* (5), 904–914. https://doi.org/10.1037/0021-9010.88.5. 904.

Bundesagentur für Arbeit & Statistik/Arbeitsmarktberichterstattung. (2017). Fachkräfteengpassanalyse. Zugriff am 03.11.2017. Verfügbar unter https://statistik.arbeitsagentur.de/Statischer-Content/Arbeitsmarktberichte/Fachkraeftebedarf-Stellen/Fachkraefte/BA-FK-Engpassanalyse-2017-06.pdf.

Bundesrepublik Deutschland/ BMAS. (2004). Arbeitsstättenverordnung. ArbStättV. Zugriff am 14.12.2017. Verfügbar unter http://www.gesetze-im-internet.de/arbst_ttv_2004/ArbSt%C3%A4ttV.pdf.

Bundesumweltministerium. (2007). Nachhaltigkeitsmanagement in Unternehmen. Zugriff am 20.10.2017. Verfügbar unter http://www.econsense.de/sites/all/files/nachhaltigkeitsmanagement_unternehmen.pdf.

Carlowitz, H. C. v. & Rohr, J. B. v. (2009). *Sylvicultura oeconomica. Oder hauswirtliche Nachricht und naturmaessige Anweisung zur wilden Baum-Zucht* (Forstliche Klassiker, Bd. 1, Repr. der 2. Aufl. von 1732). Remagen-Oberwinter: Kessel.

Cisik, A. (September 2016). *Führungskultur in Deutschland. Eine empirische Studie.* Zugriff am 06.03.2018. Verfügbar unter http://www.cisikconsulting.de/wp-content/uploads/2016/10/F%C3%BChrungskultur-in-Deutschland_Management-Summary_September-2016.pdf.

Czepek, J., Gürtzgen, N., Moczall, A. & Weber, E. (2017). *Vor allem kürzere und flexiblere Arbeitszeiten kommen zum Einsatz. Halten rentenberechtigter Mitarbeiter in den Betrieben.* Institut für Arbeitsmarkt- und Berufsforschung. Zugriff am 18.02.2018. Verfügbar unter http://doku.iab.de/kurzber/2017/kb1617.pdf.

Dincher, R. (2014). *Personalwirtschaft* (Schriftenreihe der Forschungsstelle für Betriebsführung und Personalmanagement e.V, Band 3, 4., vollständig überarbeitete und ergänzte Auflage). Neuhofen/Pf.: Forschungsstelle für Betriebsführung und Personalmanagement e.V.

Dudenredaktion (Hrsg.). (2017). *Die Rechtschreibung. Das umfassende Standardwerk auf der Grundlage der aktuellen amtlichen Regeln* (Duden Bibliothek, 27. Aufl.). Berlin: Bibliographisches Institut.

Eckrich, K. (2017). *Kulturveränderung im Unternehmen. Die verborgene Führungs-*

disziplin (1. Auflage). München: Vahlen.

Eilers, S., Möckel, K., Rump, J. & Schabel, F. (2016). *HR-Report 2015/2016. Schwerpunkt Unternehmenskultur. Eine empirische Studie des Instituts für Beschäftigung und Employability IBE im Auftrag von Hays für Deutschland, Österreich und die Schweiz.* Hays AG; IBE. Zugriff am 16.02.2018. Verfügbar unter https://www.hays.de/documents/10192/118775/hays-studie-hr-report-2015-2016.pdf/8cf5aee3-4b99-44b5-b9a9-2ac6460005da.

Eilers, S., Möckel, K., Rump, J. & Schabel, F. (2018). *HR-Report 2018. Schwerpunkt agile Organisation auf dem Prüfstand. Eine empirische Studie des Instituts für Beschäftigung und Employability IBE im Auftrag von Hays für Deutschland, Österreich und die Schweiz.* Hays AG; IBE. Zugriff am 16.02.2018. Verfügbar unter https://www.hays.de/documents/10192/118775/hays-studie-hr-report-2018.pdf/42c8c1fa-5aee-600c-d5d8-7dfb16dfbf4f.

Ekardt, F. (2005). *Das Prinzip Nachhaltigkeit. Generationengerechtigkeit und globale Gerechtigkeit* (Beck'sche Reihe, Bd. 1628, Orig.-Ausg). München: Beck.

Emrich, E., Pieter, A. & Fröhlich, M. Eine explorative Studie zur betrieblichen Gesundheitsförderung. Auswirkungen von Betriebssport auf das Betriebsklima, die Unternehmensidentifikation und das subjektive Wohlbefinden der Teilnehmer. *Zeitschrift für Sozialmanagement, Jg. 07, 2009, Nr. 1,* 65–82. Zugriff am 27.12.2017. Verfügbar unter http://sowiport.gesis.org/search/id/dzi-solit-0180926#.

Ertel, W. (2016). *Grundkurs Künstliche Intelligenz. Eine praxisorientierte Einführung* (Computational Intelligence, 4., überarbeitete Auflage). Wiesbaden: Springer Vieweg.

Esch. (2014). *Employer Branding. Pole Position bei Bewerbern und Mitarbeitern.* Employer Branding Studie 2014. Zugriff am 30.11.2017. Verfügbar unter http://www.esch-brand.com/wp-content/uploads/2015/11/2014-l-ESCH.-l-Employer-Branding-Studie.pdf.

Esch, F.-R., Knörle, C. & Strödter, K. (2014). *Internal Branding. Wie Sie mit Mitarbeitern Ihre Marke stark machen.* München: Vahlen.

Flick, U., Kardorff, E. v. & Steinke, I. (2010). *Qualitative Forschung. Ein Handbuch* (Rororo Rowohlts Enzyklopädie, Bd. 55628, Orig.-Ausg., 8. Aufl.). Reinbek bei Hamburg: Rowohlt-Taschenbuch-Verl.

Frank, R. (2010). *Wohlbefinden fördern. Positive Therapie in der Praxis ; [inklusive CD mit Arbeitsblättern]* (Leben lernen, Bd. 227). Stuttgart: Klett-Cotta.

Frankfurter Allgemeine Zeitung GmbH. (2018, 23. Februar). *Schluss mit Homeoffice: IBM holt die Mitarbeiter zurück ins Büro,* Frankfurter Allgemeine Zeitung GmbH. Zugriff am 23.02.2018. Verfügbar unter http://www.faz.net/aktuell/wirtschaft/agenda/schluss-mit-homeoffice-ibm-holt-die-mitarbeiter-zurueck-ins-buero-15023254.html.

Frey, C. B. & Osborne, M. A. (2013). *The Future of Employment. How susceptible are jobs to computerisation?* Zugriff am 04.12.2017. Verfügbar unter https://www.oxfordmartin.ox.ac.uk/downloads/academic/The_Future_of_Employment.pdf.

Froböse, I., Wilke, C. & Biallas, B. (Dezember 2011). *Unternehmen unternehmen Gesundheit. Betriebliche Gesundheitsförderung im Fokus der kleinen und mittleren Unternehmen* (2. Aufl.) (Bundesministerium für Gesundheit, Hrsg.). Berlin: Bundesministerium für Gesundheit. Zugriff am 26.12.2017. Verfügbar unter https://www.bundesgesundheitsministerium.de/themen/praevention/betriebliche-gesundheitsfoerderung/unternehmen-unternehmen-gesundheit.html.

Gerpott, F., Hackl, B. & Schirach, C. v. (2013). Attraktiver werden - für alle. Eine Studie zeigt ein Defizit in der Personalgewinnung und -bindung auf: Die Maßnahmen konzentrieren sich zu sehr auf eine Altersgruppe. *Personalmagazin, 2013* (08.2013), 28–31. Zugriff am 11.12.2017. Verfügbar unter https://www. haufe.de/download/personalmagazin-ausgabe-82013-personalmagazin-189340.pdf.

Goebel, P. H. (2014). Integrierte Kommunikation als Zukunftsaufgabe. In B. Rosenberger (Hrsg.), *Modernes Personalmanagement : strategisch - operativ - systemisch* (S. 109–121). Wiesbaden: Springer Gabler.

Graf, N., Gramß, D. & Heister, M. (2016). *Gebrauchsanweisung fürs lebenslange Lernen. Erkenntnisse zur Weiterbildung und wie Betriebe sowie Mitarbeiter sie einset-*

zen können (Vodafone Stiftung Deutschland gGmbH, Hrsg.). Düsseldorf: Vodafone Stiftung Deutschland gGmbH; Hochschule für angewandtes Management; Bundesinstitut für Berufsbildung (BIBB). Zugriff am 22.02.2018. Verfügbar unter https://www.vodafone-stiftung.de/uploads/tx_newsjson/Vodafone_Stiftung_Gebrauchsanweisung_fuers_lebenslange_Lernen.pdf.

Hackl, B. & Gerpott, F. (2015). *HR 2020 – Personalmanagement der Zukunft. Strategien umsetzen, Individualität unterstützen, Agilität ermöglichen*. München: Verlag Franz Vahlen.

Hammermann, A. & Stettes, O. (2017). *Mobiles Arbeiten in Deutschland und Europa. Eine Auswertung auf Basis des European Working Conditions Survey 2015* (Institut der deutschen Wirtschaft Köln, Hrsg.) (IW Trends 3. 2017). Köln: Institut der deutschen Wirtschaft Köln. Verfügbar unter http://www.bibliothek.uni-regensburg.de/ezeit/?2088079.

Hardtke, A. (Hrsg.). (2011). *Gesellschaftliche Verantwortung von Unternehmen. Von der Idee der Corporate Social Responsibility zur erfolgreichen Umsetzung* (Nachdr). Wiesbaden: Gabler.

Haufe Online Redaktion. *Personalmarketing*. Zugriff am 19.12.2017. Verfügbar unter https://www.haufe.de/thema/personalmarketing/.

Hauff, M. v. & Kleine, A. (2014). *Nachhaltige Entwicklung. Grundlagen und Umsetzung* (2., aktualisierte Auflage). München: Oldenbourg Wissenschaftsverlag.

Hauff, V. (1987). *Unsere gemeinsame Zukunft*. Greven [Federal Republic of Germany]: Eggenkamp Verlag.

Hays AG & IBE. (November 2012). *HR-Report 2012/2013. Schwerpunkt Mitarbeiterbindung*. Eine empirische Studie des Instituts für Beschäftigung und Employability IBE im Auftrag der Hays AG. Zugriff am 29.11.2017. Verfügbar unter https://www.hays.de/documents/10192/118775/hays-studie-hr-report-2012-2013.pdf/902d55b0-9087-4110-ab84-825280bfbbb3.

Hays AG & IBE. (Januar 2017). *HR-Report 2017. Schwerpunkt Kompetenzen für eine digitale Welt*. Eine empirische Studie des Instituts für Beschäftigung und Employability IBE im Auftrag von Hays für Deutschland, Österreich und Schweiz. Zugriff am 29.11.2017. Verfügbar unter https://www.hays.de/documents/10192/118775/Hays-Studie-HR-Report-2017.pdf/3df94932-63ca-4706-830b-583c107c098e.

Hellert, U. (2014). *Arbeitszeitmodelle der Zukunft. Arbeitszeiten flexibel und attraktiv gestalten* (1. Aufl.). Freiburg: Haufe.

Hesse, G. & Mattmüller, R. (Hrsg.). (2015). *Perspektivwechsel im Employer Branding. Neue Ansätze für die Generationen Y und Z.* Wiesbaden: Springer Gabler.

Hewitt. (2008). *Talent Supply und Employer Branding.* Zugriff am 29.11.2017. Verfügbar unter http://www.wirtschaftspsychologie-aktuell.de/files/Hewitt_Employer_Branding.pdf.

Hill, J. E., Hawkins, A. J., Ferris, M. & Weitzmann, M. (2001). Finding an Extra Day a Week. The Positive Influence of Perceived Job Flexibility on Work and Family Life Balance. *Family Relations, Vol. 50, No. 1, 2001,* 49–58. Zugriff am 06.12.2017.

Hils, M. & Bahner, J. (2005). Electronic Human Resource Management (E-HRM) in Deutschland – Stand und Entwicklung. *Wechselwirkung. Jahrbuch aus Lehre und Forschung der Universität Stuttgart (2005),* 29–41. Zugriff am 06.03.2018. Verfügbar unter http://elib.uni-stuttgart.de/opus/volltexte/2006/2852.

Höf-Bausenwein, H. (2016). *Crashkurs Personalarbeit. Vom Arbeitsvertrag bis zum Zeugnis* (2. Auflage). Freiburg: Haufe Gruppe.

Immerschitt, W. & Stumpf, M. (2014). *Employer Branding für KMU. Der Mittelstand als attraktiver Arbeitgeber*. Wiesbaden: Springer Fachmedien Wiesbaden.

Industrie Büro und Arbeitswelt e.V. (2017). *IBA-Studie 2017. Wohlbefinden im Büro.* Zugriff am 14.12.2017. Verfügbar unter https://iba.online/site/assets/files/3939/iba-studie_2017_web.pdf.

Institut der deutschen Wirtschaft Köln. (2017). *Fachkräftemangel: Starkes regionales Gefälle,* IW Köln. Zugriff am 03.11.2017. Verfügbar unter https://www.iwd.de/artikel/fachkraeftemangel-starkes-regionales-gefaelle-336547/.

Institut für Demoskopie Allensbach. *Arbeit heute und morgen. Vorstellungen von der*

Zukunft der Arbeit (Mai 2016). Bodensee: Institut für Demoskopie Allensbach. Zugriff am 06.03.2018. Verfügbar unter http://www.insm-oekonomenblog.de/14165-arbeit-heute-und-morgen-vorstellungen-von-der-zukunft-der-arbeit/.

Jena, M. & Di Pasquale, V. (2014). Betriebliche Gesundheitsförderung – die Perspektive der Gewerkschaften. In S. Hahnzog (Hrsg.), *Betriebliche Gesundheitsförderung. Das Praxishandbuch für den Mittelstand* (S. 37–50). Wiesbaden: Springer Gabler.

John, J. (2016). *Big Data – Auswirkungen auf das HR-Management | Personalerforum.* Zugriff am 06.03.2018. Verfügbar unter https://www.personaler forum.de/2016/02/17/big-data-auswirkungen-auf-das-hr-management/.

Kampkötter, P., Laske, K., Petters, L., Sliwka, D. & Grunau, P. (Juli 2016). *Personalentwicklung und Weiterbildung. Bericht zum Monitor.* Forschungsbericht. BMAS – Bundesministerium für Arbeit und Soziales; Institut für Arbeit und Berufsforschung (IAB); Universität zu Köln. Zugriff am 18.02.2018.

Kampkötter, P., Laske, K., Petters, L., Sliwka, D. & Müller, D. (2015). *Fachkräftesicherung und -bindung. Aktuelle Ergebnisse einer Betriebs- und Beschäftigungsbefragung* (BMAS – Bundesministerium für Arbeit und Soziales, Hrsg.). Berlin: BMAS – Bundesministerium für Arbeit und Soziales; Institut für Arbeit und Berufsforschung (IAB). Zugriff am 19.02.2018. Verfügbar unter http://www.bmas.de/SharedDocs/Downloads/DE/PDF-Publikationen/monitor-fachkraeftesicherung-pdf.pdf?__blob=publicationFile&v=2.

Kanning, U. P. (2017). *Personalmarketing, Employer Branding und Mitarbeiterbindung. Forschungsbefunde und Praxistipps aus der Personalpsychologie.* Berlin: Springer.

Kempf, H.-D. (2010). Verhältnisprävention und Verhaltensprävention. In H.-D. Kempf (Hrsg.), *Die Neue Rückenschule. Das Praxisbuch* (S. 203–221). Berlin, Heidelberg: Springer-Verlag Berlin Heidelberg.

Kienbaum. (2016). *Absolventenstudie Kienbaum-Studie-2015-2016.* Kienbaum Institut. Zugriff am 10.12.2017. Verfügbar unter http://assets.kienbaum.com/downloads/

Absolventenstudie-Ergebnisbericht_Kienbaum-Studie-2015-2016.pdf?mtime=20160906135157

Kienbaum. (2017). *Absolventenstudie 2017. Arbeitest du noch oder lebst du schon?* Noch einmal unter die Lupe genommen: Die Karriereorientierung der Generation Y. Kienbaum Institut. Zugriff am 10.12.2017. Verfügbar unter http:// assets.kienbaum.com/downloads/Absolventenstudie-Ergebnisbericht_Kienbaum-Studie-2015-2016.pdf?mtime=20160906135157.

Kirchgeorg, M. & Müller, J. (2013). Personalmarketing als Schlüssel zur Gewinnung, Bindung und Wiedergewinnung von Mitarbeitern. In R. Stock-Homburg (Hrsg.), *Handbuch Strategisches Personalmanagement* (S. 73–90). Wiesbaden: Springer Fachmedien Wiesbaden.

Kirschten, U. (2017). *Nachhaltiges Personalmanagement. Aktuelle Konzepte, Innovationen und Unternehmensentwicklung* (UTB, Bd. 8669). Konstanz: UVK Verlagsgesellschaft mbh; UVK/Lucius.

Klaffke, M. (Hrsg.). (2016). *Arbeitsplatz der Zukunft. Gestaltungsansätze und Good-Practice-Beispiele.* Wiesbaden: Springer Gabler.

Knieps, F. & Pfaff, H. (Hrsg.). (2017). *Digitale Arbeit – digitale Gesundheit. Zahlen, Daten, Fakten ; mit Gastbeiträgen aus Wissenschaft, Politik und Praxis* (BKK Gesundheitsreport, Bd. 2017). BKK Gesundheitsreport 2017. Berlin: MWV Medizinisch Wissenschaftliche Verlagsgesellschaft.

Köppel, P. (2008). *Konflikte und Synergien in multikulturellen Teams. Virtuelle und face-to-face-Kooperation* (Beiträge zum Diversity Management, 1. Aufl.). Zugl.: Potsdam, Univ., Diss., 2007. Wiesbaden: Gabler Verlag.

Kötter, P. (2016). Sustainable HR. Zur Rolle der Personalarbeit in einer nachhaltigen Unternehmensführung. In D. Thomaschewski & R. Völker (Hrsg.), *Nachhaltige Unternehmensentwicklung. Herausforderungen für die Unternehmensführung des 21. Jahrhunderts* (Praxiswissen Management, 1. Auflage, S. 238–246). Stuttgart: Verlag W. Kohlhammer.

Krabel, S. (2016). Arbeitsmarkt und Digitalisierung. Wie man benötigte digitale Fähigkeiten am Arbeitsmarkt messen kann. In V. Wittpahl (Hrsg.), *Digitalisierung. Bildung / Technik / Innovation* (S. 99–108).

Krüger, K.-H. (2016). Gesellschaftlicher Wandel: Generation X, Y, Z – und dann? In H. Klaus & H. J. Schneider (Hrsg.), *Personalperspektiven. Human Resource Management und Führung im ständigen Wandel* (12. Aufl. 2016, S. 39–71).

Kruse, P., Greve, A. & nextpractice GmbH. (2012). *Führungskultur im Wandel. Kulturstudie mit 400 Tiefeninterviews* (Initiative Neue Qualität der Arbeit (INQA), Hrsg.). Zugriff am 14.02.2018. https://doi.org/10.13109/9783666403675.116.

Lampert, T., Mensink, G. B. M. & Ziese, T. (2005). Sport und Gesundheit bei Erwachsenen in Deutschland. *Bundesgesundheitsblatt, Gesundheitsforschung, Gesundheitsschutz, 48* (12), 1357–1364. https://doi.org/10.1007/s00103-005-1169-4.

Lepping, J. & Palzkill, M. (2016). Zwischen Selbstbestimmung, Freiheit und Verantwortung. Die Chance der digitalen Souveränität. In V. Wittpahl (Hrsg.), *Digitalisierung. Bildung / Technik / Innovation* (S. 16–26).

Lindmayer, K. H. & Dietz, H.-U. (2015). *Geldanlage und Steuer 2015. Sichern der Erträge in der Niedrigzinsphase*. Wiesbaden: Springer Fachmedien Wiesbaden.

Lippold, D. (2015). *Einführung in die Personalmarketing-Gleichung* (essentials). Wiesbaden: Springer Gabler.

Lüerßen, H., Stickling, E., Gundermann, N., Toska, M., Coppik, R., Denker, P. et al. (2015). *BGM im Mittelstand 2015. Ziele, Instrumente und Erfolgsfaktoren für das Betriebliche Gesundheitsmanagement* (Wolters Kluwer Deutschland GmbH, Hrsg.) (Personalwirtschaft 10, 2015). Köln: Zeitschrift Personalwirtschaft; Fürstenberg Institut; ias Gruppe; Techniker Krankenkasse. Zugriff am 03.01.2018. Verfügbar unter https://www.ias-gruppe.de/fileadmin/user_upload/Presse_und_Publikationen/Presseberichte_und_Studien/PW_Studie_10_2015_web.pdf.

Mahurkar, A. (2017). *IBM Watson and HR analytics. Findability Sciences delivers the joy of finding insight in HRM data.* Zugriff am 05.03.2018. Verfügbar unter https://www.ibm.com/blogs/client-voices/findability-sciences-insight-hrm-data/.

Medjedović, I. (2014). *Qualitative Sekundäranalyse. Zum Potenzial einer neuen For-*

schungsstrategie in der empirischen Sozialforschung. Wiesbaden: Springer.

Mory, L. (2017). Dimensionen der internen CSR und dessen Wirkung: Ein empirisches Erklärungsmodell. Von der Idee zur Praxis: Managementansätze zur Umsetzung von Corporate Social Responsibility und Corporate Sustainability. In R. Wagner, N. Roschker & A. Moutchnik (Hrsg.), *CSR und Interne Kommunikation. Forschungsansätze und Praxisbeiträge* (Management-Reihe Corporate Social Responsibility, S. 21–37). Berlin Heidelberg: Springer Berlin Heidelberg; Imprint: Springer Gabler.

Myers, D. G. (2014). *Psychologie* (Springer-Lehrbuch, 3., vollständig überarbeitete und erweiterte Auflage). Berlin Heidelberg: Springer Berlin Heidelberg.

Neumüller, W. (2017). Rekrutierungsunterstützung über Personaldienstleistung und Arbeitnehmerüberlassung. Am Beispiel der Neumüller Unternehmensgruppe. In A. Hildebrandt & W. Landhäußer (Hrsg.), *CSR und Digitalisierung. Der digitale Wandel als Chance und Herausforderung für Wirtschaft und Gesellschaft* (S. 755–776). Berlin, Germany: Springer Gabler.

Nink, M. (2017). *Engagement Index Deutschland 2016.* Gallup GmbH. Zugriff am 17.01.2018. Verfügbar unter http://www.gallup.de/183104/engagement-index-deutschland.aspx.

Oberleiter, E., Reifer, G. & Streit, H.-U. (2016). *Sustainable companies. Wie Sie den Aufbruch zum Unternehmen der Zukunft wirksam gestalten : ein Leitfaden*. München: oekom verlag.

Öhlschlegel-Haubrock, S. & Haubrock, A. (2017). *Nachhaltige Personalentwicklung. Herausforderung und Chance* (1st ed.). Stuttgart: Kohlhammer Verlag.

Olesch, G. (2016). *Der Weg zum attraktiven Arbeitgeber. Employer Branding in der Unternehmenspraxis* (2. Auflage).

Online FOCUS. (2017). *Das sind Deutschlands beste Arbeitgeber 2017. Große FOCUS-Studie,* kanunu; FOCUS. Zugriff am 19.02.2018. Verfügbar unter https:// www.focus.de/finanzen/karriere/berufsleben/grosse-focus-studie-pharma-riese-ganz-vorn-das-sind-deutschlands-beste-arbeitgeber-2017_id_6576656.html.

Otto, C. & Remdisch, S. (2015). Arbeitgeberattraktivität aus der Perspektive unterschiedlicher Mitarbeitergenerationen. In M. Hartmann (Hrsg.), *Rekrutierung in einer zukunftsorientierten Arbeitswelt. HR-Aufgaben optimal vernetzen* (S. 47–68). Wiesbaden: Springer Fachmedien Wiesbaden.

Parry, E. (2014). e-HRM. A Catalyst for Changing the HR Function? In F. J. Martínez-López (Hrsg.), *Handbook of Strategic e-Business Management* (Progress in IS, S. 589–604). Berlin, Heidelberg: Springer Berlin Heidelberg.

Petry, T. (2016). *Digital Leadership. Erfolgreiches Führen in Zeiten der Digital Economy* (1. Auflage).

Pieper, C., Schröder, S., Bräunig, D. & Kohstall, T. (2015). *iga.Report 28. Wirksamkeit und Nutzen betrieblicher Prävention* (Die Initiative Gesundheit und Arbeit, Hrsg.). Die Initiative Gesundheit und Arbeit. Zugriff am 28.12.2017. Verfügbar unter http://www.iga-info.de/fileadmin/redakteur/Veroeffentlichungen/iga_Reporte/Dokumente/iga-Report_28_Wirksamkeit_Nutzen_betrieblicher_ Praevention.pdf.

Pilz, G. (2017). *Personalwirtschaft Schritt für Schritt. Arbeitsbuch* (UTB, Bd. 8674, 2., bearbeitete Auflage). Konstanz: UVK Verlagsgesellschaft mbh; UVK/Lucius.

Prezewowsky, M. (2007). *Demografischer Wandel und Personalmanagement. Herausforderungen und Handlungsalternativen vor dem Hintergrund der Bevölkerungsentwicklung*. Wiesbaden: Deutscher Universitäts-Verlag / GWV Fachverlage GmbH Wiesbaden.

Pufé, I. (2014). *Nachhaltigkeit* (utb-studi-e-book, Bd. 3667, 2. überarb. u. erw. Aufl.). Konstanz: UVK-Verl.-Ges; UTB.

Rimser, M. (2014). *Generation Resource Management. Nachhaltige HR-Konzepte im demografischen Wandel* (Edition Rosenberger). Place of publication not identified: Springer Science and Business Media.

Rössler, W., Keller, H. & Moock, J. (2016). *Betriebliches Gesundheitsmanagement. Herausforderung und Chance*. s.l.: W. Kohlhammer Verlag.

Rückle, H. (2013). *Mit Visionen an die Spitze. Zukunftsorientiert denken, handeln und führen:* Gabler Verlag.

Rudow, B. (2014). *Die gesunde Arbeit. Psychische Belastungen, Arbeitsgestaltung und Arbeitsorganisation* (3., aktualisierte und erw. Aufl.). München: De Gruyter Oldenbourg.

Schirmer, D. (2009). *Empirische Methoden der Sozialforschung* (1. Aufl.). Stuttgart: UTB GmbH; W. Fink.

Schrank, V. (2015). *Das Ulrich-HR-Modell in Deutschland. Kritische Betrachtung und empirische Untersuchung:* Springer Fachmedien Wiesbaden.

Schuhmacher, F. & Geschwill, R. (2014). *Employer Branding. Human Resources Management für die Unternehmensführung* (2., überarb. und erw. Aufl.). Wiesbaden: Springer Gabler.

Schwenoha, M. (2015). *Burnout – Einfluss- und Verantwortungsbereich des Unternehmens. Maßnahmen zur Verringerung des Burnout-Risikos von Mitarbeitern* (1. Erstauflage). Hamburg: Igel Verlag.

Senghaas-Knobloch, E. (2009). „Soziale Nachhaltigkeit" – Konzeptionelle Perspektiven. In R. Popp (Hrsg.), *Zukunftsforschung und Zukunftsgestaltung. Beiträge aus Wissenschaft und Praxis* (Wissenschaftliche Schriftenreihe Zukunft und Forschung des Zentrums für Zukunftsstudien Salzburg, Bd. 1, S. 569–578). Berlin u. a.: Springer.

Stahl, H. K. (2013). *Führungswissen*. Berlin: Erich Schmidt.

Statistisches Bundesamt. Bevölkerung Deutschlands bis 2060 – 13. koordinierte Bevölkerungsvorausberechnung. Zugriff am 10.10.2017. Verfügbar unter https://www.destatis.de/DE/Publikationen/Thematisch/Bevoelkerung/Vorausberechnung Bevoelkerung/BevoelkerungDeutschland2060Presse5124204159004.pdf?__blob=publicationFile.

Staufenbiel Institut & Kienbaum. (2017). *JobTrends 2017. Was Berufseinsteiger wissen müssen.* Zugriff am 10.12.2017. Verfügbar unter https://www.staufenbiel.de/fileadmin/fm-dam/PDF/Studien/JobTrends_2017.pdf.

StepStone Deutschland GmbH. (2016). *Jobs nach Maß. Was Fachkräfte wollen.* StepStone Trendstudie 2016. StepStone Deutschland GmbH. Zugriff am

06.03.2018. Verfügbar unter http://www.stepstone.de/content/de/de/5/ projects/ trendstudie/resc/stepstone_trendstudie2016.pdf.

Stotz, W., Wedel-Klein, A. & Klein, A. W. (2013). *Employer Branding. Mit Strategie zum bevorzugten Arbeitgeber* (2., überarb. und erw. Aufl.). München: Oldenbourg.

Stowasser, S. & Jaeger, C. (2016). Arbeitszeitmodelle einer neuen Generation. In M. Seiler (Hrsg.), *Wem gehört die Zeit? Innovative Arbeitszeitgestaltung in der Praxis* (S. 15–34). Stuttgart: Schäffer-Poeschel Verlag.

Struntz, H. (2004). Personalmarketing. In E. Gaugler, W. A. Oechsler & W. Weber (Hrsg.), *Handwörterbuch des Personalwesens. [HWP]* (Enzyklopädie der Betriebswirtschaftslehre, Bd. 5, 3., überarb. und erg. Aufl., Red.-Stand: Juni 2003, S. 1592–1601). Stuttgart: Schäffer-Poeschel.

Tanasic, J. & Casaretto, C. (2017). *Digital Community Management. Communitys erfolgreich aufbauen und das digitale Geschäft meistern.* Stuttgart: Schäffer-Poeschel Verlag für Wirtschaft Steuern Recht GmbH.

Ternès, A., Klenke, B. & Jerusel, M. (2017). *Integriertes Betriebliches Gesundheitsmanagement. Sensibilisierungs-, Kommunikations- und Motivationsstrategien.* Wiesbaden: Springer Gabler.

Thomaschewski, D. & Völker, R. (Hrsg.). (2016). *Nachhaltige Unternehmensentwicklung. Herausforderungen für die Unternehmensführung des 21. Jahrhunderts* (Praxiswissen Management, 1. Auflage). Stuttgart: Verlag W. Kohlhammer.

Treier, M. (2009). *Personalpsychologie im Unternehmen.* München: Oldenbourg.

Trendence. *Ranking der Top-Arbeitgeber Deutschlands: BMW feiert erstmals seit zehn Jahren Doppelsieg.* Zugriff am 06.03.2018. Verfügbar unter https:// www.trendence.com/presse/pressemitteilungen/2017/ranking-der-top-arbeitgeber-deutschlands.html.

Trendence Institut. (2017). *trendence Graduate Barometer 2017. German Business Edition* (trendence Institut GmbH, Hrsg.). trendence Institut. Zugriff am 19.02.2018. Verfügbar unter https://www.trendence.com/unternehmen/rankings. html.

Über Uns – Initiative Gesundheit & Arbeit. *www.iga-info.de.* Zugriff am 28.12.2017. Verfügbar unter https://www.iga-info.de/ueber-uns/

Universum. (2017). *Germany's Most Attractive Employers 2017.* universum. Zugriff am 19.02.2018. Verfügbar unter https://universumglobal.com/de/studentsurvey 2017/.

Van Dick, R. (2017). *Identifikation und Commitment fördern* (Praxis der Personalpsychologie, Band 5, 2., überarbeitete und erweiterte Auflage). Göttingen: Hogrefe.

Volkswagen. (2007). *Wofür wir stehen. Das neue Markenleitbild von Volkswagen / Drei Werte schärfen das Profil,* autogramm. Zugriff am 20.12.2017. Verfügbar unter http://autogramm.volkswagen.de/09_07/aktuell/aktuell_04.html.

Wagner, D. & Rehder, S. A. (2017). *Personalmanagement* (Kohlhammer Executive Education, 1. Auflage). Freiburg: Haufe.

Weßels, B. (2015). Wertewandel. In R. Kollmorgen, W. Merkel, H.-J. Wagener & G. Mouna (Hrsg.), *Handbuch Transformationsforschung* (S. 761–765). Wiesbaden: Springer VS.

WHO. (2014). Verfassung der Weltgesundheitsorganisation. Zugriff am 22.12.2017. Verfügbar unter https://www.admin.ch/opc/de/classified-compilation/19460131/201405080000/0.810.1.pdf.

Wöhrmann, A. M., Gerstenberg, S., Hünefeld, L., Pund, F., Reeske-Behrens, A., Brenscheidt, F. et al. (2016). *Arbeitszeitreport Deutschland 2016.* Bönen: Verlag Kettler GmbH.

Wolf, G. (2016). *Mitarbeiterbindung. Inkl. Arbeitshilfen online; Strategie und Umsetzung in Unternehmen* (Haufe Fachbuch, vol. 4194, 2. Auflage). Freiburg: Haufe Gruppe.

Zapf, I. (2016). *Traditionelle und moderne Formen der Arbeitszeitflexibilität. Arbeitsangebots- und -nachfrageseitige Faktoren von Überstunden und Arbeitszeitkonten* (IAB-Bibliothek. Dissertationen).

Human Resources, Digitalisierung und Unternehmensentwicklung

Herausgegeben von Prof. Dr. Gerwin Kahabka, Karlsruhe

Band 1
Lino Holzmüller und Gerwin Kahabka
Die Entwicklung der Lebensarbeitszeit – Analyse und Prognose
Siegburg 2019 • 136 S. • € 50,- (D) • ISBN 978-3-8441-0578-0

Band 2
Holger Schlosser und Gerwin Kahabka
HR-Optimierungsstrategien für eine nachhaltige Unternehmensentwicklung
Siegburg 2019 • 156 S. • € 52,- (D) • ISBN 978-3-8441-0580-3

JOSEF EUL VERLAG